U0103658

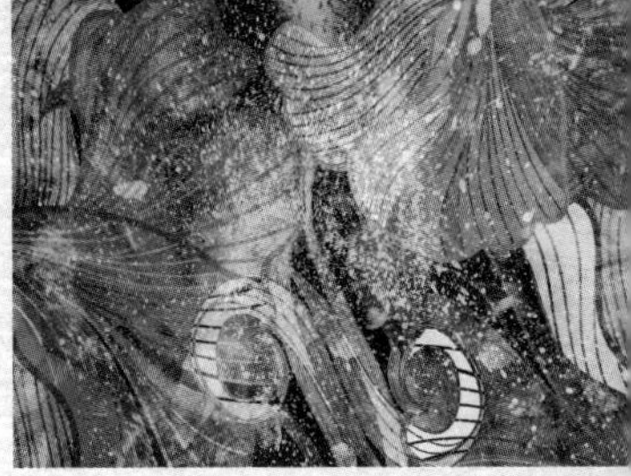

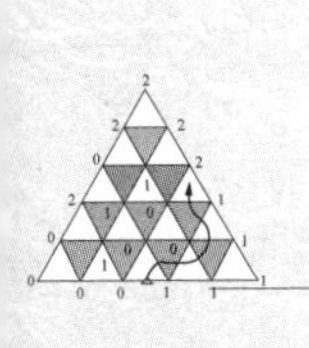

走向数学丛书

冯克勤/主编

同伦方法纵横谈

TALKS ON HOMOTOPY METHOD

王则柯 著

大连理工大学出版社

图书在版编目(CIP)数据

同伦方法纵横谈 / 王则柯著. -- 大连:大连理工大学出版社，2023.1

(走向数学丛书 / 冯克勤主编)

ISBN 978-7-5685-4129-9

Ⅰ. ①同… Ⅱ. ①王… Ⅲ. ①同伦论 Ⅳ. ①O189.23

中国国家版本馆 CIP 数据核字(2023)第 003602 号

同伦方法纵横谈

TONGLUN FANGFA ZONGHENGTAN

大连理工大学出版社出版

地址:大连市软件园路 80 号　邮政编码:116023

发行:0411-84708842　邮购:0411-84708943　传真:0411-84701466

E-mail:dutp@dutp.cn　URL:https://www.dutp.cn

辽宁新华印务有限公司印刷　　大连理工大学出版社发行

幅面尺寸:147mm×210mm　印张:8.375　字数:184 千字

2023 年 1 月第 1 版　　2023 年 1 月第 1 次印刷

责任编辑:王　伟　　责任校对:周　欢

封面设计:冀贵收

ISBN 978-7-5685-4129-9　　定　价:69.00 元

“走向数学”丛書

陳省身題

科技强国、数学为本

吴文俊

2010.1.10

走向数学丛书

编写委员会

续编说明

自从1991年“走向数学”丛书出版以来，已经出版了三辑，颇受我国读者的欢迎，成为我国数学传播与普及著作的一个品牌．我想，取得这样可喜的成绩主要原因是：中国数学家的支持，大家在百忙中抽出宝贵时间来撰写此丛书；天元基金的支持；与湖南教育出版社出色的出版工作．

但由于我国毕竟还不是数学强国，很多重要的数学领域尚属空缺，所以暂停些年不出版亦属正常．另外，有一段时间来考验一下已经出版的书，也是必要的．看来考验后是及格了．

中国数学界屡屡发出继续出版这套丛书的呼声．大连理工大学出版社热心于继续出版；世界科学出版社（新加坡）愿意出某些书的英文版；湖南教育出版社也乐成其事，尽量帮忙．总之，大家愿意为中国数学的普及工作尽心尽力．在这样的大好形势下，“走向数学”丛书组成了以冯克勤教授为主编的编委会，领导继续出版工作，这实在是一件大好事．

首先要挑选修订、重印[illegible]批已出版的书；继续组稿新书；由于我国的数学水平距国际先进水平尚有距离，我们的作者应面向全世界，甚至翻译一些优秀著作．

我相信在新的编委会的领导下,丛书必有一番新气象.

我预祝丛书取得更大成功.

王 元

2010 年 5 月于北京

编写说明

从力学、物理学、天文学，直到化学、生物学、经济学与工程技术，无不用到数学. 一个人从入小学到大学毕业的十六年中，有十三四年有数学课. 可见数学之重要与其应用之广泛.

但提起数学，不少人仍觉得头痛，难以入门，甚至望而生畏. 我以为要克服这个鸿沟还是有可能的. 近代数学难于接触，原因之一大概是其符号、语言与概念陌生，兼之近代数学的高度抽象与概括，难于了解与掌握. 我想，如果知道讨论对象的具体背景，则有可能掌握其实质. 显然，一个非数学专业出身的人，要把数学专业的教科书都自修一遍，这在时间与精力上都不易做到. 若停留在初等数学水平上，哪怕做了很多难题，似亦不会有助于对近代数学的了解. 这就促使我们设想出一套“走向数学”小丛书，其中每本小册子尽量用深入浅出的语言来讲述数学的某一问题或方面，使工程技术人员、非数学专业的大学生，甚至具有中学数学水平的人，亦能懂得书中全部或部分含义与内容. 这对提高我国人民的数学修养与水平，可能会起些作用. 显然，要将一门数学深入浅出地讲出来，绝非易事. 首先要对这门数学有深入的研究与透彻的了解.从整体上说,我国的数学水平还不高,能否较好地完成这一任务还难说.但我了解很多数学家的积极性很高,他们愿意为“走向数学”丛书撰稿.这很值得高兴与欢迎.

承蒙国家自然科学基金委员会、中国数学会数学传播委员会与湖南教育出版社的支持,得以出版这套“走向数学”丛书,谨致以感谢.

王 元

1990年于北京

前　言

不动点算法，同伦算法(同伦方法)及其计算复杂性理论(成本理论)，是 20 世纪 70 年代开始发展起来的互相关联的应用数学的新领域. 对数理经济学的讨论是这一发展的重要背景. 以往最抽象的拓扑学，在这一领域返璞归真，驱散让人畏而远之的迷雾，展示其人见人爱的几何魅力. 在这一发展过程中，斯卡夫、库恩、伊夫斯、斯梅尔、李天岩等国际知名教授和我国一些学者，都做出了有声有色的贡献.

非常难得的是，这些新领域的进展，主要得益于新颖的思想，而不是依靠高深知识的堆砌. 本书的大部分内容，就是在中学数学的基础上，从最浅显、最富启发性的例子入手，一环扣一环，介绍不动点算法、同伦算法及其计算复杂性理论的主要进展. 除了科学内容本身之外，我们还着重发掘科学研究方法论的丰富内涵. 将来真正进入这些研究领域的读者终究不会很多，但是科学故事和科研方法的启迪，将使绝大多数读者终身受益.

这是一本关于科学新发展的科学普及著作. 由于这些领域

的研究方兴未艾，国外专家连大学本科水平的教科书都来不及写，更不必说比较通俗普及的著作了. 我们本身从事这些研究，比较特别的是，我们也喜欢写科普的和通俗的文章和著作. 我自己是学拓扑学出身的. 拓扑学原来的具体方法的确比较难以把握，但是现在拓扑学能够在数理经济学等应用科学领域发挥那么大的作用，主要得益于它清晰简明的几何思想和整体处理问题的方式. 这也是十几年来我和我的研究生能够在这些领域做出一些贡献的原因.

我们写这本书，还冀望向读者分享我们研究工作的心得，那就是：拓扑学并非那么高深莫测，拓扑学提供生动朴素的和富于启发性的几何思维. 读者将会看到，同伦方法就是沿着曲线或折线走，从一个房间走到另一个房间，而计算复杂性讨论的就是数一下走过多少个房间. 这样的讨论，不是很具体、很有趣吗？

在这本书里，读者会看到许多人物故事. 作为一本普及读物，我们有时候甚至觉得，对于不少读者来说，书中所写的科学研究中的人物故事，可能比书中介绍的具体的研究成果更有价值. 这些人物故事，许多都出自我们个人之间的交往. 这是从一个侧面了解科学研究的规律，了解科学家之所以成为科学家的珍贵记录.

我早期的一些研究生，都曾致力于不动点算法、同伦方法、计算复杂性理论以及相关的论题，他们是：高堂安、马建瓴、钟信、易艳春、朱政辉、史宏超、陈向新. 他们对这本书有很多贡献，我们在此表示感谢. 我们的有关研究一直得到国家自然科学基金和国家教委博士学科点专项基金的资助,在此一并感谢.

王则柯

识于丁丑年夏

目　录

一　神奇的同伦方法:库恩多项式求根算法

多项式的求根,是纯粹数学中最古老的问题之一,也是数值分析中最古老的问题之一. 就纯粹数学而言,根与系数关系的韦达定理、三次方程的卡丹公式、高斯的代数基本定理阿贝尔和伽罗华的群论,都源于多项式的求根问题. 就数值分析而言,任何一本数值分析教科书,有关各种多项式的求根方法已不胜枚举,而当今的计算数学学术刊物,有关多项式求根问题的新进展仍然屡见不鲜.

§1.1　多项式方程求根的魔术植物栽培算法

1974 年 6 月,第一次不动点(fixed points)算法及应用国际会议在美国召开. 欧洲、日本和美国的几十位数学家参加了这次会议. 美国普林斯顿大学的 H. W. 库恩(H. W. Kuhn)教授宣读了一篇用不动点算法解代数方程的论文[6],引起大家很大的兴趣.

众所周知,伟大的数学家高斯在 1799 年首先证明了代数基本定理:一个 n 次复系数代数方程有且仅有 n 个根. 可是,当时他的证明还不是构造性的,也就是说,只肯定根的存在,但没有告诉求解的方法. 近 200 年来，特别是电子计算机问世以来，人们已经发展了不少数值求根方法. 这些方法大致上属于同一类型：以迭代为特点. 有些方法还依赖于根的分布理论. 然而，库恩的方法却是别开生面的：

一个方形的培养皿，它的边缘上长着 n 个新芽(图 1.1). 还有一个立体的大篱笆，越往上越密. 把篱笆放在培养皿上面，一个数学过程马上就要开始了. 随便你给出一个 n 次复系数多项式$f(z)=z^n+a_1z^{n-1}+\cdots+a_n$，把 $f(z)$的信息传给大篱笆，于是培养皿上的 n 个新芽如同 n 条生长着的藤一样，很快地向上攀援，每条藤恰恰指向多项式 $f(z)$的一根，多项式 $f(z)$的 n 个根就全部找到了(图 1.2).

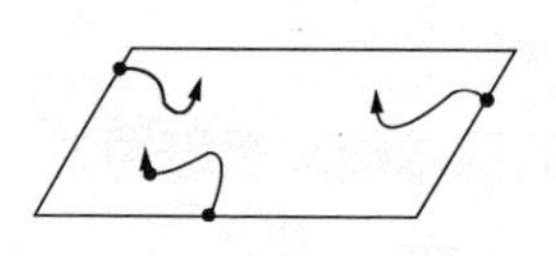

图 1.1 长着三个新芽的库恩培养皿

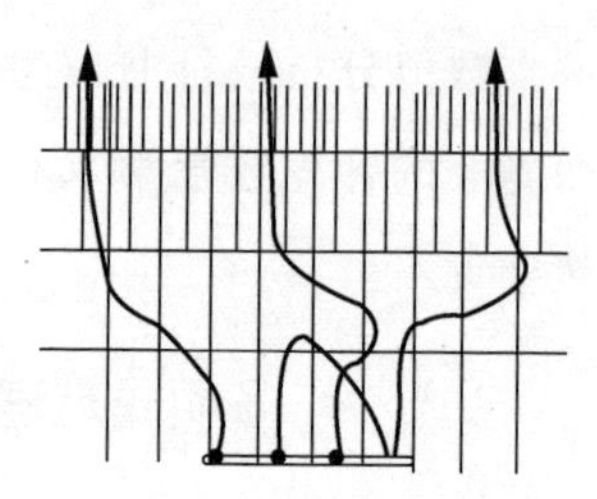

图 1.2 库恩的大篱笆和他的魔术植物

1.1.1 库恩算法探胜

这是数学还是园艺学？莫非是编神话？不，这是库恩那篇严谨的数学论文的真实的几何形象.

让我们仔细看看，库恩的培养皿和大篱笆是怎样建造的；多项式 $f(z)$的信息是怎样传给大篱笆的；在这种信息的刺激下，

n 条藤又是怎样攀援上去的.

大家知道,多项式 $f(z)$ 是复数域 $\mathbf{C}$ 上的一个复值函数,它的根就是复平面 C 上使得 $f(z_0)=0$ 的那些点 z_0. 几何上,$w=f(z)$ 是复平面 C 到另一复平面 C' 之间的一个变换,它的根就是复平面 C 上被 $f(z)$ 变换到复平面 C' 的原点的那些点.

库恩把一系列复平面 $C_{-1}, C_0, C_1, C_2, \cdots$,像摩天大楼面一样排好,在上面画线,把它们全部分割成三角形(图 1.3). 从 C_0 开始,每向上一层,线的密度就增加一倍,并且除 C_{-1} 略有不同外,其余各层的剖分规律完全相同. 库恩就是要用这些越来越细的三角形网格,使多项式的根"就范".

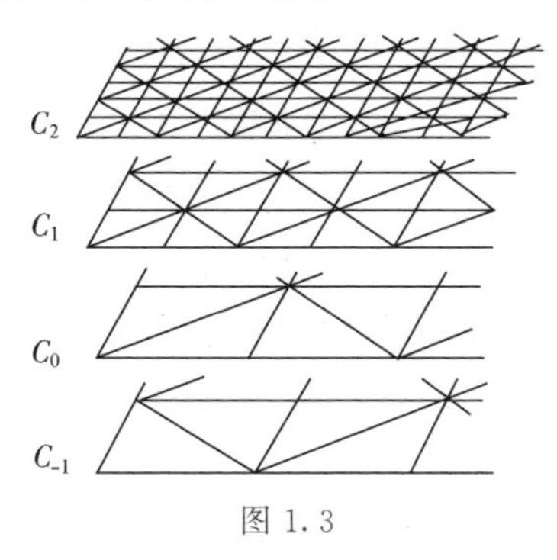

图 1.3

相邻两层之间,按照一定的规则,连起许多直的、斜的"钢筋",把两层之间的空间全部划分成一个个的四面体. 图 1.4 展示了 C_{-1} 和 C_0 之间一个立方体的剖分情况,立方体被分割成 5 个四面体. 把这 5 个四面休分离廾看看,就成了图 1.5. C_0 以上任两层 C_k 和 C_{k+1} 之间的一个立方体的剖分情况,如图 1.6 所示. 这些剖分规则,是具有高度规律性的.

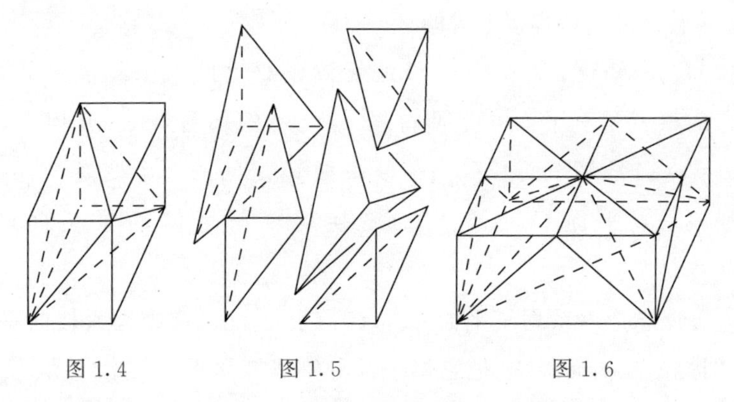

图 1.4　　图 1.5　　图 1.6

剖分以后，留下这些“钢筋骨架”，就是库恩的越往上越密的大篱笆(这时我们知道，图 1.2 的篱笆没有画出密密麻麻的对角斜线)．

现在，在 C_{-1} 上取一个边长 $2m$ 格的方块 Q_m，它的边缘(记作∂Q_m)上有 $8m$ 个顶点．(顶点即网格三角形的顶点．)

大家知道，对于每一个复数 z，它的 n 次幂 z^n 还是一个复数．用三条射线把复平面 C' 分成相等的三个扇形部分Ⅰ、Ⅱ、Ⅲ(图 1.7)．如果一个顶点所代表的复数 z 的 n 次幂 $w=z^n$ 落在Ⅰ里，就给这个顶点标号 1；落在Ⅱ里，就标号 2；落在Ⅲ里，就标号 3．

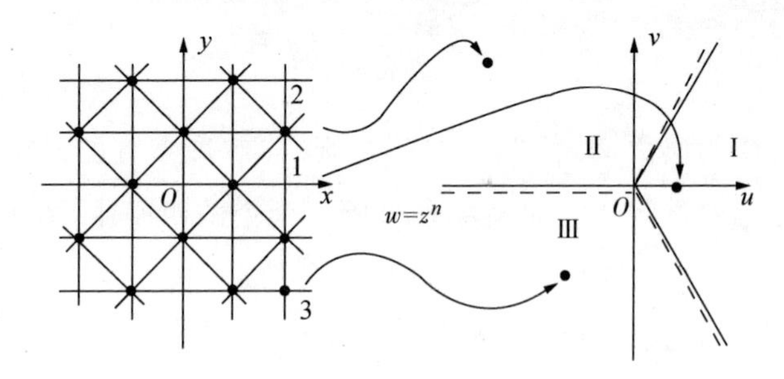

图 1.7　$m=2(n=3)$时的培养皿 Q_m 及标号

这样,就可以把 C_{-1} 上 Q_m 的顶点全部按照幂函数 $w=z^n$ 标号.

幂函数 $w=z^n$ 把复平面 C 上绕原点一圈的正方形周界,变成复平面 C' 上绕原点 n 圈的一条曲线.所以,当 m 较大($m\geqslant 3n/2\pi$)时,∂Q_m 上的顶点,按照逆时针方向,只能循序渐进地标号,即相邻顶点标号只能有 1→1,1→2,2→2,2→3,3→3,3→1六种情况,并且 1→2 的棱恰有 n 条,相应于复平面 C'上的曲线由Ⅰ进入Ⅱ共 n 次(图 1.8).库恩在这 n 个1→2棱的中点各栽一个芽,就成了他的培养皿.

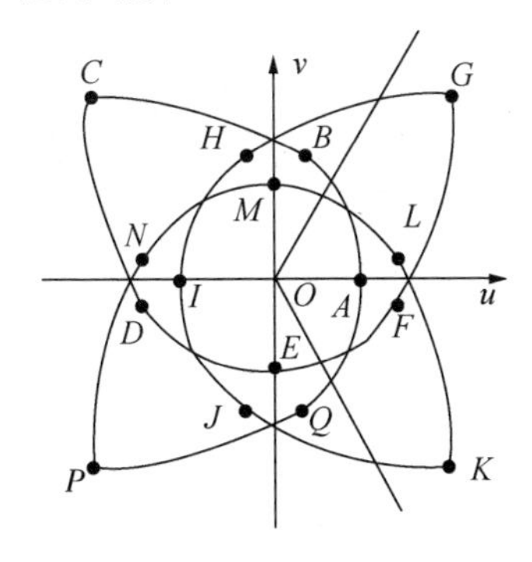

图 1.8

那么所给的多项式 $f(z)$的信息又怎样传给大篱笆呢?只要对 C_0 及 C_0 以上每一层面上每个顶点 z 算一下 $f(z)$,和上面一样,如 $f(z)$落在Ⅰ,z 就标号 1;如 $f(z)$落在Ⅱ,z 就标号 2;如 $f(z)$落在Ⅲ,z 就标号 3,这样一来,篱笆上的所有顶点都可以有一个标号 1 或 2 或 3.这些简单的数字 1,2,3,就构成 $f(z)$的全部信息.我们注意,培养皿(在 C_{-1} 上)是按照 $w=z^n$ 标号的,而大篱笆(C_0 以上)是按照 $w=f(z)$ 标号的,它们的信息是不同的.

现在,n 个芽怎样生长呢?如图 1.9 所示,库恩规定,从1→2

棱中点开始，向 Q_m 里钻，实行“遇到有 1,2 两个标号的棱就穿过去”的规则，寻找具有 1,2,3 三个标号的完全标号三角形. 如果未遇到完全标号三角形，藤就要穿过去，而 Q_m 内三角形数目有限，所以每条藤一定会到达一个完全标号三角形(图 1.10，图 1.9). 到达完全标号三角形时，藤就抬头出土，开始向上攀延(图 1.11).

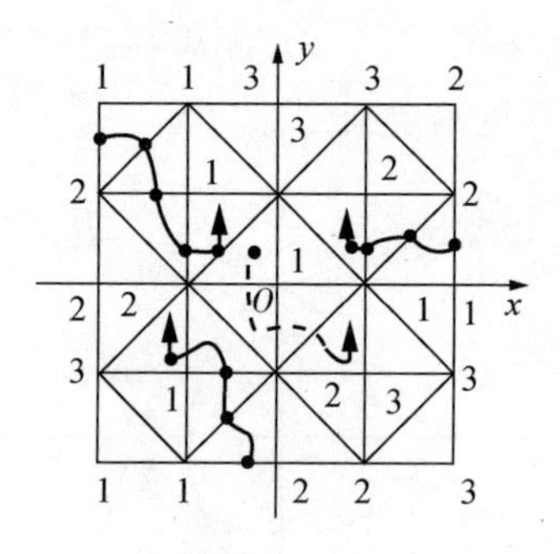

图 1.9　破土前藤的生长情况

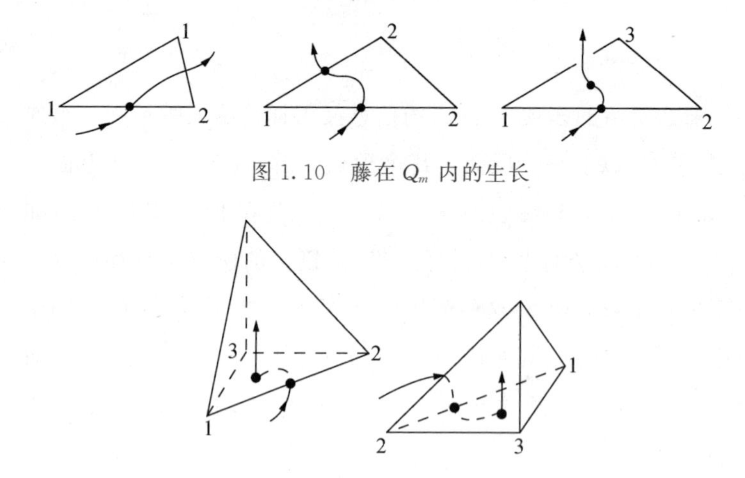

图 1.10　藤在 Q_m 内的生长

图 1.11　藤抬头出土

向上攀延的规则是:遇到四面体的完全标号三角形的侧面,就穿过去,进入另一个四面体.这样,一条藤通过一个完全标号三角形进入一个四面体,那么不论第四个顶点如何标号,它总可通过另一个完全标号三角形穿出去(图 1.12).所以,藤的生长是无止境的.

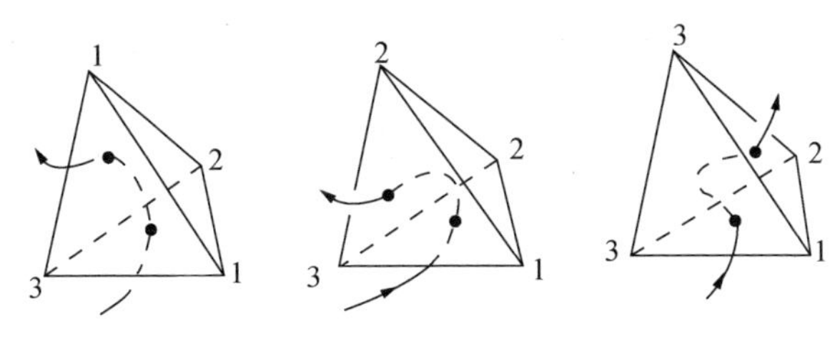

图 1.12　不论第四个顶点如何标号,总可穿过

已经出土的藤,会不会又钻入泥土(回到 C_{-1})呢?有可能.库恩规定,重新入土后,仍按"遇 1→2 棱穿过去"的规则生长,又总可找到另一个完全标号三角形,再次抬头出土.图 1.9 中虚线的一段,就是重新入土而又重新出土的一段.

不难证明,除了有限的曲折往返外,n 条藤都要不断向上伸延,不交叉,不分叉,每条藤指向 $f(z)$的一个根.

方法确实妙,但每条藤指向多项式的一个根还要说明一下.我们回过头来看看,复平面 $C_k(k\geqslant 0)$上完全标号三角形的含义.根据标号规则,它的三个顶点经过变换 f 之后分别落在Ⅰ、Ⅱ、Ⅲ三部分,所以,变换后的三点包围着原点(图 1.13).因此,我们有理由期望这个完全标号三角形内有一点z,被 f 变换到复平面 C'的原点:$f(\bar{z})=0$.事实上,当 k 较大时,完全标号三角形内有根的猜想,在略加修改之后,是成立的.

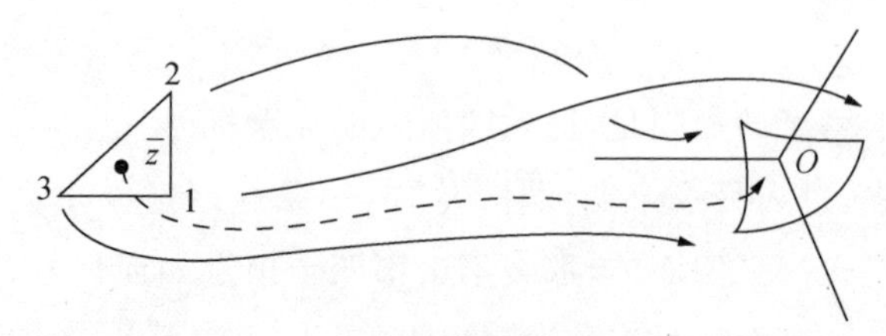

图 1.13 完全标号三角形内可望有一个根

既然藤在完全标号三角形内穿行，完全标号三角形内有根，所以藤与多项式的根的距离不超过三角形的尺度. 但三角形就是大篱笆的网眼，越向上网眼越小，所以这些藤与多项式的根就不得不越来越靠近. 取极限，这 n 条藤就捕捉住多项式的全部 n 个根.

1.1.2 库恩算法经济吗?

这种方法的计算量会不会太大? 前面说过 f 的信息要传给大篱笆. 若对篱笆上每个顶点都算一下 $f(z)$，这还了得? 不必担心，我们的藤是会自动搜索目标的，只有藤经过的那些顶点，才需要把 $f(z)$ 真的算一下. 这些藤在最下若干层时，由于 C_{-1} 用 $w=z^n$ 标号，C_0 以上用 $w=f(z)$ 标号，变动十分剧烈，是一个从 z^n 向 $f(z)$ 调整的阶段. 但以后，就几乎笔直向上生长，很快就达到很高的精度(图 1.2). 图 1.14 是计算机追踪某个多项式的一个根的计算点列从找到完全标号三角形起的一段，我们看到，经过最初的曲折摸索之后，计算点列很快就捕捉住多项式根的所在，并迅速向上发展，即向精度发展. C_4 以后，计算精度就不是我们这个图所能表示的了. 我们所说的藤，就在这座由四面体堆砌成的玲珑宝塔中穿行. 所谓藤的生长攀延，就是计算点列的伸延.

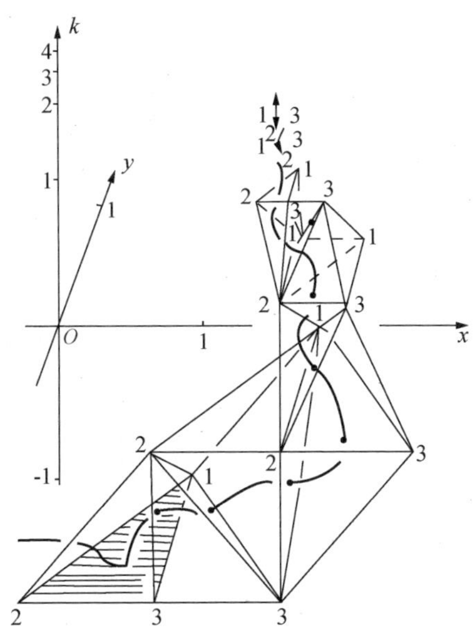

图 1.14　一个计算实例,塔上标号引导计算,藤在塔内穿行

我们还看到,不管具体的 n 次多项式 $f(z)$ 是怎样的,只要 n 相同,Q_m 就都是由 $w=z^n$ 标号,也就是说,出发点是规范化的. 这在计算实施方面,也是颇有意义的.

1.1.3　库恩算法的内涵

库恩的方法,构思新颖,几何形象十分鲜明. 数学是抽象的,但它一定是枯燥的吗? 否. 抽象中有具体,枯燥的外表下有着生动丰富的内容. 库恩的例子就是又一个有力的证明.

现在我们回到文章的开头."不动点"是什么意思呢?

我们知道,一个函数就是数域之间的一个变换. 如果$g(x)=x$,即 x 通过变换 g 仍变为它自己,没有动,x 就叫作 g 的一个不动点. 数学中许多问题都可作为不动点问题来处理. 例如,求一

个方程 $f(x)=0$ 的根，就可以化成求 $g(x)=f(x)+x$ 的不动点，这是因为 $g(x)=x$ 等价于 $f(x)=0$.

不动点理论是拓扑学的一个分支. 早在 20 世纪 60 年代，中国青年数学家姜伯驹、石根华在江泽涵教授的指导下，曾经对这一理论做出贡献. 关于不动点的存在，最早是 1912 年 L. E. 布劳威尔(L. E. Brouwer)证明了著名的定理：球体到自身的连续映射至少有一个不动点. 从那时起，不动点定理不仅在纯粹数学中是重要的，而且成为证明一大类应用数学问题解的存在性的有力工具. 但是直到 20 世纪 60 年代初，还没有一种有效的算法能具体求出不动点，因而往往不能求出那些应用数学问题的解.

1967 年，美国耶鲁大学的 H. E. 斯卡夫(H. E. Scarf)教授做出突破，提出一种以有限点列的计算逼近不动点的算法. 自此以后，不动点算法作为一种有效的计算方法迅速而广泛地发展起来，取得了一系列成果，为拓扑学思想应用于实际问题开拓了一个新方向，为一系列应用数学问题提供了新的解法. 值得注意的是不动点算法是在求解的同时解决解的存在性问题的. 即如库恩的例子，实际上同时就是代数基本定理的一个构造性的新证明.

不动点算法的要点，一是剖分，如同库恩建造大篱笆，将平面分割成三角形、将空间分割成四面体等所谓单纯形，剖分是计算的基础. 二是转轴计算. 在库恩的例子中，这种转轴计算是通过对单纯形顶点的适当的标号法来实现的，凭标号引导"藤"的生长，即引导计算点列的伸延. 剖分和转轴计算，是组合拓扑的典型方法.组合拓扑是拓扑学中古典的部分.近三四十年来①,微分拓扑与微分方程等问题的深刻联系,使得微分方法一时成为拓扑学的主流,而组合方法却处于相对冷落之中."山重水复疑无路,柳暗花明又一村",斯卡夫的不动点算法出现以来,组合方法就像结束了冬眠一样,又表现出巨大的生命力来.就拓扑学内部来说,不动点算法的影响也很大.计算同调群的程序,计算拓扑度的算法,这些原来难以想象的进展,已经出现在数学文献之中,深刻地改变着纯粹数学的面孔.

理论与应用,古典与前沿,抽象思维与具体算法,正在激烈地相互作用着,这里,我们特别可以看到计算机科学蓬勃发展,广泛渗透对整个数学学科的深刻影响.

库恩是美国普林斯顿大学数学系和经济学系的教授,是拓扑学、应用数学和数理经济学的专家.他的多项式求根算法,就是现在通称的库恩算法.

库恩算法的好处是不用高等数学,就可以向中学数学爱好者讲清楚.有人可能认为不用高深数学的算法就不是高级的方法,其实不然.对付同样的问题,你用很深奥、很艰难的方法才能解决它,而我用较浅显、较容易的方法就把它解决了,谁应该受到更多称赞?所以,在数学研究中,如果可能的话,人们总是使用不牵涉高深理论的所谓初等方法.初等方法,才是许多人心目中的高级方法.

最后,要告诉读者的是,这种神奇的求根方法是一种同伦方法.什么叫"同伦"?同伦是拓扑学中关于函数或映射之间的连续过渡或形变的重要概念,设 X 和 Y 是 n 维欧氏空间 $\mathbf{R}^n$ 的非空子集,$f,g:X\to Y$ 和 $H:[0,1]\times X\to Y$ 都是连续对应,如果对

---

① 本书写于1997年.——编者注

任意的 $x\in X$,$H(0,x)=f(x)$和 $H(1,x)=g(x)$成立,则称连续对应 H 是 f 和 g 之间的一个同伦,t 称为同伦参数.

同伦有明显的直观意义.例如,记 $I=[0,1]$,设 $X=I$,$Y=\mathbf{R}^n$,则图 1.15 中的连续映射 $H:[0,1]\times I\to\mathbf{R}^n$ 就是从 $f^0:\{0\}\times I\to\mathbf{R}^n$ 到 $f^1:\{1\}\times I\to\mathbf{R}^n$ 的一个同伦.随着同伦参数 t 从 0 到 1 的变化,H 在$\{t\}\times I$ 这个截面上的局限 $f^t:I=\{t\}\times I\to\mathbf{R}^n$ 连续地由 f^0 形变为 f^1.连续的意思在这时就是说,只要(t,x)和(t',x')很接近,那么 $f^t(x)=H(t,x)$和 $f^{t'}(x')=H(t',x')$也就很接近.当 X 是圆周时,可以直观地把 $f^0:X\to Y$ 和 $f^1:X\to Y$ 看作 Y 中的两条回路.这时,f^0 同伦于 f^1 的直观说法就是:回路 f^0 能在 Y 中连续地形变成回路 f^1.

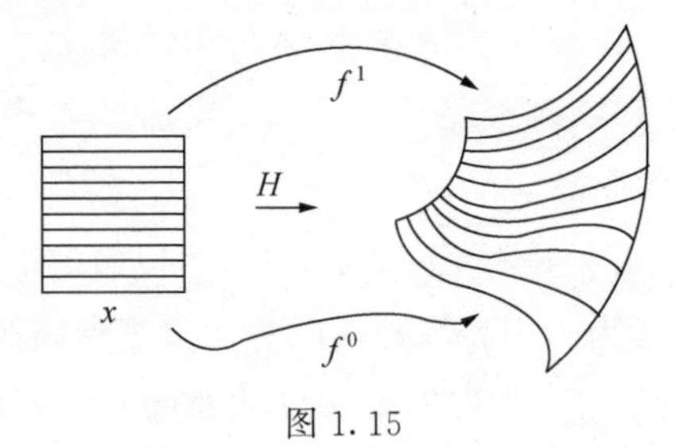

图 1.15

并非任何两个映射 $f,g:X\to Y$ 都一定是同伦的.设 X 为圆周,Y 是环面,如果 f 是映射象为环面上一条纬线的回路,而 g 是映射象为环面上一条经线的回路,f 与 g 就不是同伦的,因为 f 不能在环面上连续地形变为 g.这不仅符合我们的直观,也是可以严格证明的.

两个映射 $f,g:X\to Y$ 是否同伦,不仅取决于映射“本身”,而且首先取决于空间 Y 和 X.例如,还设 X 为圆周,但取 Y 为球面,那么不管具体的回路 $f,g:X\to Y$ 如何,都可以判断 f 和 g 是同伦的.事实上,球面上任何两条回路都可以互相连续过渡.特别地,球面上任何一条回路都可以连续地收缩成映射象只有一个点的一条回路.这些符合我们的直觉的事实,同样是可以在同伦论中严格证明的.所以,同伦概念也是空间本身的性质的深刻反映.

为求映射 $f:\mathbf{R}^n\to\mathbf{R}^n$ 的零点(根),我们选择一个零点清楚的辅助映射 $g:\mathbf{R}^n\to\mathbf{R}^n$,按照

$$H(t,x)=tg(x)+(1-t)f(x)$$

或其他方式,构造连接 g 和 f 的同伦

$$H:[0,1]\times\mathbf{R}^n\to\mathbf{R}^n$$

当参数 $t=1$ 时,$H(1,x)$就是 $g(x)$;当参数 $t=0$ 时,$H(0,x)$就是 $f(x)$.在一定的条件下,同伦 H 的零点集

$$H^{-1}(0)=\{(t,x)\in[0,1]\times\mathbf{R}^n:H(t,x)=0\}$$

是一些互不相交的光滑的简单曲线,一头是 g 的零点,一头是 f 的零点.从已知的 g 的零点出发,沿着这些曲线走,就可以到达待求的 f 的零点.这就是连续同伦方法——一种典型的路径跟踪算法的原始思想.

如果进一步将空间$[0,1]\times\mathbf{R}^n$ 分割成一个个 $n+1$ 维单纯形(单纯剖分),并且取

$$\Psi:[0,1]\times\mathbf{R}^n\to\mathbf{R}^n$$

在每个单纯形的每个顶点上和 H 一致,在各单纯形内部是仿射映射,那么 Ψ 就是分片线性映射,其零点集

$$\Psi^{-1}(0)=\{(t,x)\in[0,1]\times\mathbf{R}^n:\Psi(t,x)=0\}$$

在一定条件下是简单折线.沿着这些折线走的方法,叫作分片线性同伦算法.

图 1.16(a)和(b)分别是连续同伦算法和分片线性同伦算法的示意图,后者也叫作单纯同伦算法.

在多项式求根的魔术植物栽培算法中,求根的过程就是一种分片线性同伦算法的实施过程.不过,t 不是从 1 到 0,而是反过来从 -1 到 $+\infty$,道理完全一样.当 $t=-1$ 时,幂函数 $w=z^n$ 的零点为同伦路径的起点;当 $t\to+\infty$ 时,同伦路径的端点即指向多项式 f 的零点.同伦的路径就是魔术植物的藤.在每一层中,魔术植物的藤在该层中最后到达的完全标号三角形的顶点,就是多项式 f 的较为粗糙的近似零点.魔术植物不断向上生长的过程中,t 越来越大,三角形投影直径加倍减少,使得剖分越来越细,魔术植物的藤在最后到达的完全标号三角形的顶点就变为符合精度的多项式 f 的近似零点了.这就是库恩多项式求根算法的精妙所在,同伦方法的神奇一面在此也略见一斑.

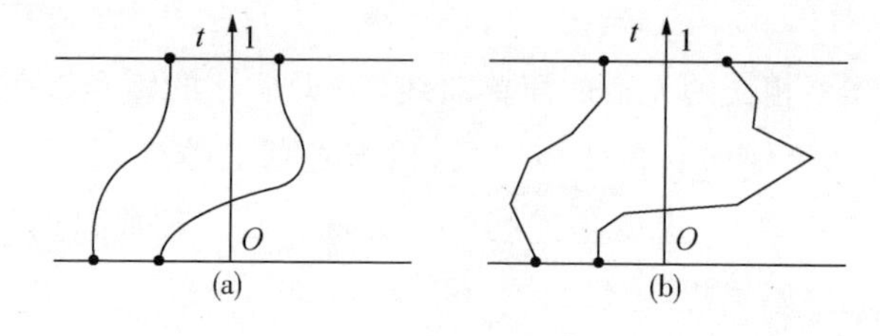

图 1.16

§1.2　有益的讨论:正四面体能填满空间吗?

前面我们提到了将平面剖分为一个个三角形,将空间剖分为一个个四面体.通常,剖分得越简单、越均匀对称,算法的效率就越高,从而利用算法来解决问题的威力就大为增强.从图 1.5 可知,库恩算法剖分中的四面体都不是正四面体,这些四面体不是很均匀,也不是很对称.那么,空间能否用正四面体来填满?本来这是一个初等立体几何的问题.然而,这个中学阶段能解决的问题,却对单纯不动点算法的研究有着重要的应用价值.

大家知道,直线是一维的,具有长度的最简单的几何对象是线段,很容易将直线分割成许多线段,或分割成许多一样长的线段,直线的同维分割问题太简单了,但我们还是不要忘记它.

1.2.1　正三角形可以铺满平面

平面是二维的,具有面积的最简单的几何对象是三角形,显然平面可以轻而易举地被分割成许许多多三角形.

怎样分割比较好呢?当然是分割越均匀越好.首先看图 1.17和图 1.18 两种方案.在这两种方案中,所有三角形都是全等的等腰直角三角形,看起来是够均匀的了.美中不足的是,每个三角形本身不够“均匀”,两条边较短,一条边较长.

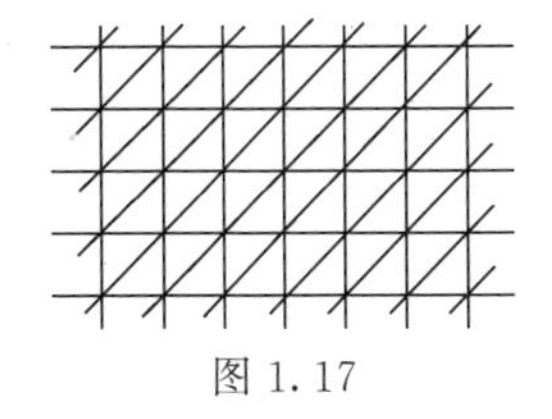

图 1.17

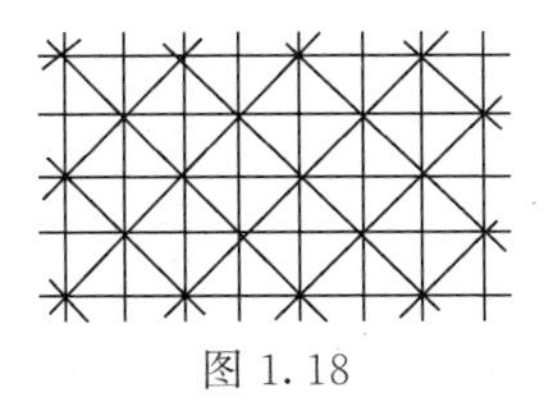

图 1.18

三边都相等的三角形是正三角形,稍动一下脑筋,你马上会说,平面可以被分割成大小相等的正三角形.的确,图 1.19 就是一种方案,这种分割就十分均匀了.

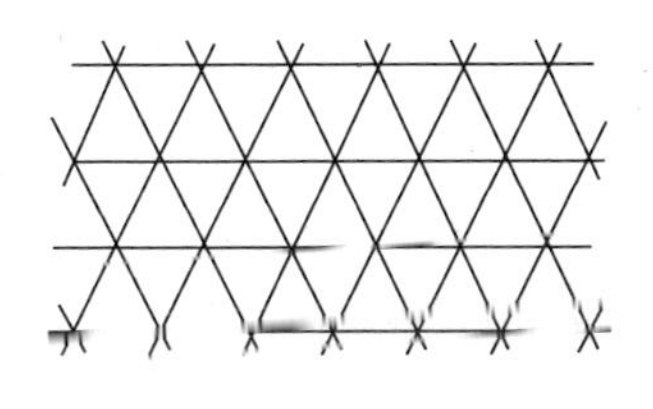

图 1.19

1.2.2 正四面体可以把空间填满吗?

空间是三维的,具有体积的最简单的几何对象是四面体,一个四面体有四个顶点、四个三角形侧面和六条棱(图 1.20).空间也可以很方便地被分割成许许多多四面体,图 1.21 就是方案之一:首先,我们把空间分割成一个个大小一样的正立方体,图上画出了其中一个,即 $ABCD$-$EFGH$,将它劈开两半,得到两个直三棱柱,其中一个是 ABC-EFG,这个直三棱柱可以很容易地再被分割成三个四面体:$ABCG$,$ABFG$ 和 $AEFG$.

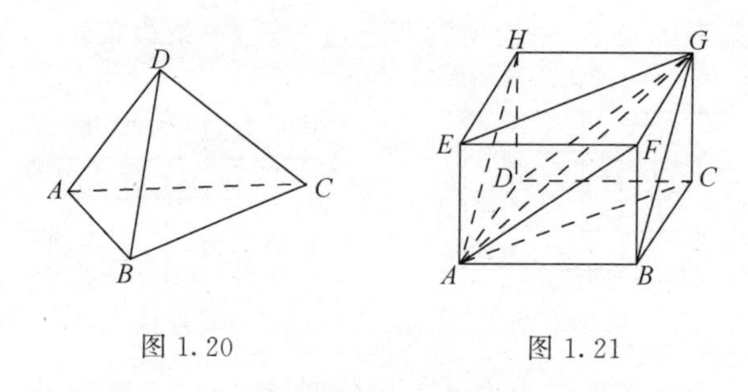

图 1.20　　　图 1.21

简言之,一个正立方体可被分割成六个四面体,如果对每个正立方体都这样做,整个空间就被分割成许许多多四面体了,换句话说,四面体可以填充整个空间.

四边相等的四面体是正四面体,仔细观察图 1.21,你会发现,虽然正立方体被分割成体积相等的六个四面体,但其中没有一个四面体是正四面体,这实在是有点遗憾.

那么,能不能用大小相等的正四面体填满空间呢?这是办不到的.下面,让我们看看为什么会这样.

1.2.3 算一下正四面体的二面角

首先让我们想一想,如果空间能被分割成大小一致的正四面体,情形应该是怎样的呢?如图 1.22 所示,假设 $ABCD$ 是其中一个正四面体,那么紧挨着它的一个面 ABD,应该还有一个正四面体 $ABDE$. 再看正四面体 $ABDE$,紧挨着它的 ABE 面,就应该有一个正四面体 $ABEF$. 继续下去,挨着正四面体 $ABEF$ 的 ABF 面,就应该有一个正四面体 $ABFG$,…,这样一个紧挨一个排下去,最后应该正好回到 ABC 这个面,一点也不能有差错,否则就会留下空隙或发生重叠,而这都是不允许的.

假如你觉得图 1.22 不容易看清楚,不妨尝试沿着 BA 方向看它的侧面,这样就得到它的侧视图(图 1.23). 在这个图里,AB 棱重合为一点 O. 如果像上面所说的一个紧挨一个,最后正好回到 ABC 这个面,那么就应该有 $\alpha=\angle DOC=\angle DOE=\angle EOF=\cdots$,即 α 应当能整除 $360°$. 这个 α 就是正四面体相邻两个面之间的二面角.

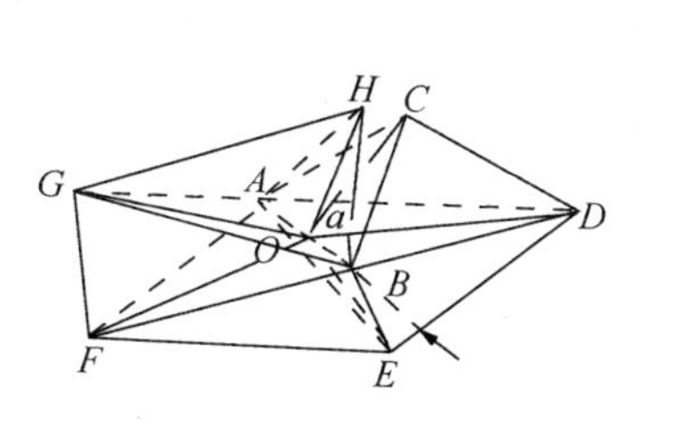

图 1.22

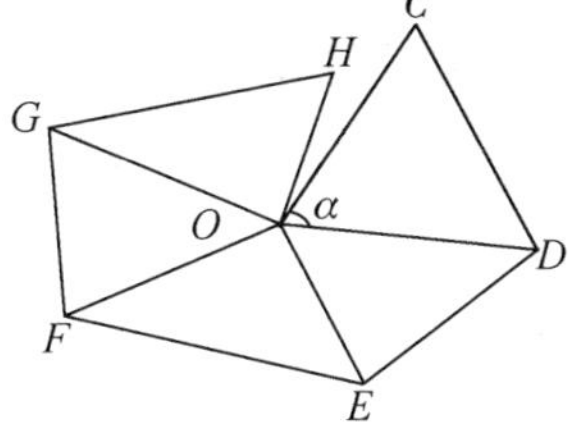

图 1.23

实际上 α 有多大呢?假设正四面体的边长是 a,在图 1.23 中就有:$CD=a$,$OC=OD=(\sqrt{3}/2)a$,这时你很快可以算出 $\cos\alpha=1/3$,查一下表,知道 α 大约是 $70°32'$. 不难看出,5 个 α 略小于

360°,而6个α则比360°大得多,换言之,无论怎样也拼不出一个360°来.

这就证明,把空间分割成大小相等的正四面体是不可能的.

1.2.4 问题的应用价值

以上的立体几何讨论,有什么实用价值呢？原来,前面讲的单纯不动点算法(simplicial fixed point algorithms),就牵涉上述的空间分割问题.运用单纯不动点算法,可以解决许多用以往方法难以解决或不能解决的所谓高度非线性应用数学问题.

如果在平面上运用这种计算方法,首先要把平面分割成许许多多三角形;而要在空间中运用这种计算方法,就必须先把空间分割成许许多多四面体,分割越均匀,计算的效率就越高.平面是很容易被均匀分割的,图1.19就是一种方案.于是就有人研究空间能否也被分割得如此均匀,上面就证明这是不可能的.这么一来,科研人员就不再为寻找将空间分割成正四面体的方案而空耗精力了.目前,人们普遍采用图1.21的分割方案.

这真是一个发人深省的例子:中学的立体几何竟然可以解决大学的科学研究问题.如果能在中学阶段就注重打好各方面的基础,只要善于应用,那么终身都将受益无穷.

这里,我们就给对空间分割问题有兴趣的读者提两个问题,试试你们的空间想象力和逻辑推理能力:

(1)你能不能用五个四面体填满一个正立方体?

(2)你能不能证明至少需要五个四面体才能把一个立方体填满?

事实上,3维空间中的单纯不动点算法,在可能的情况下,都采用把一个立方体分割成五个四面体的最“经济”的剖分方法,五个已经是最小的数目了,更少是不可能的.

利用有效的剖分方法,设计相应的算法,使每次剖分的网径越来越精细.当将问题放在$[0,1]\times X$中考虑时,利用$\{t\}\times X$,通过t的减少而连同剖分的网径趋于0,就是前面的同伦方法了,这里t为同伦参数.

§1.3 同样有趣的问题:圆周铺不满平面,却能填充整个空间

1维的圆周铺不满2维平面,却能填充整个3维空间,这也是一个相当有趣的几何问题.

1.3.1 铺填问题

铺填问题说的是用圆周填充平面和空间的问题.读者可能会想,这还不是很简单的吗?只要拼命推上去,总会填满的.比如说要用圆周铺填一个平面,只需过平面上的每一点,都做一个圆(图1.24),不就填满了吗?

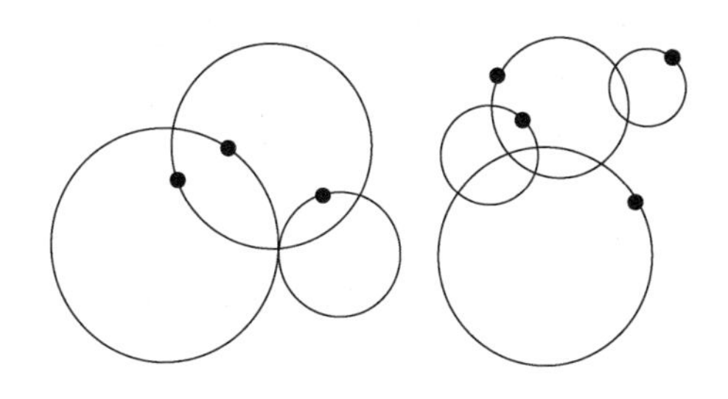

图1.24

不错,如果没有任何规则,只是乱七八糟地堆砌,那么铺填问题也就不是问题了.事实上,在数学上用圆周铺填平面和空间,必须遵守两个原则:

(1)空间或平面被填满,即在空间中或在平面上的每一个点都有一个圆周经过;

(2)圆周之间无黏连相交,即任何两个圆周不得相交,即每一个点只属于一个圆周.

明白了规则,就不难看出如图 1.24 所示的做法是犯规的.

1.3.2 圆周铺不满平面

数学家们早就知道圆周无法铺满平面.这是为什么呢?

设想有人宣称他已经用圆周铺满平面.我们用下面的方法必定能找出其中的破绽.

请他在“铺满”平面的圆周中,任意地取出一个,记作 C_0.设 C_0 的直径是 D,圆心是 a_1.既然圆周“铺满”了平面,就一定有一个经过 a_1 的圆周,把它记作 C_1.C_1 的直径肯定比 C_0 的直径 D 的一半还要小,否则 C_1 与 C_0 相交.设 C_1 的圆心是 a_2,再把经过 a_2 的圆周叫作 C_2.根据同样道理,C_2 的直径比 C_1 的一半还要小.设 C_2 的圆心是 a_3,再将经过 a_3 的圆周记作 C_3.如此一次一次做下去,就会得到一组圆周 $C_0,C_1,C_2,\cdots,C_k,\cdots$,它们有两个性质(图 1.25):

(1)一个套住一个:C_0 套住 C_1,C_1 套住 C_2,…,C_k 套住 C_{k+1},…;

(2)后一个圆周的直径比前一个圆周的直径的一半还要小,因此 C_k 的直径小于 $D/2^k$.

这样的一组急剧缩小的圆周最后将套住一个点 a.我们要证明 a 就是破绽:没有一个圆周经过 a 点!

理由何在?假若有经过 a 的圆周 C,设它的直径为 d.当然有 $d>0$,否则 C 不是圆周.注意当 k 增大时,$D/2^k$ 对半对半地减小,且越来越接近于 0. 于是我们总可以找到一个 k,使得 $D/2^k<d$. 这时,既要使 C_k 套住 C,又要令 C_k 的直径小于 d,除非犯规,否则是办不到的. 所以 a 没有被圆周铺住,也就是说,圆周没有铺满平面. 问题就出在一个点上. 有趣的是,平面不能用圆周铺满. 但挖去一个点的平面却可以很轻易地被圆周铺满. 如图 1.26 所示,所有互不相交的同心圆周,把挖去圆心这一点的平面铺满了.

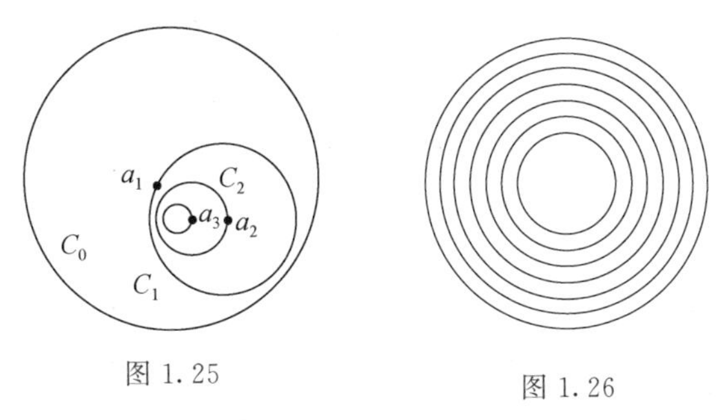

图 1.25　　图 1.26

1.3.3 试试用球面填充空间

下面考虑的是,怎样用圆周填满空间. 在解决这一问题之前,我们先试试能否用球面填满空间.

在空间中随意固定一个点,将其记作 O. 以 O 为球心的所有同心球面,差一点就把空间填满了. 所差的一点就是 O 本身,如果能够把 O 去掉,那该多好! 不过,即使先用球面填满了空间,还要考虑怎样用圆周填满球面. 设想在球面上画出纬线,所有纬线"差两点"就把球面填满了(图 1.27). 这两点可以看作南极和北极.

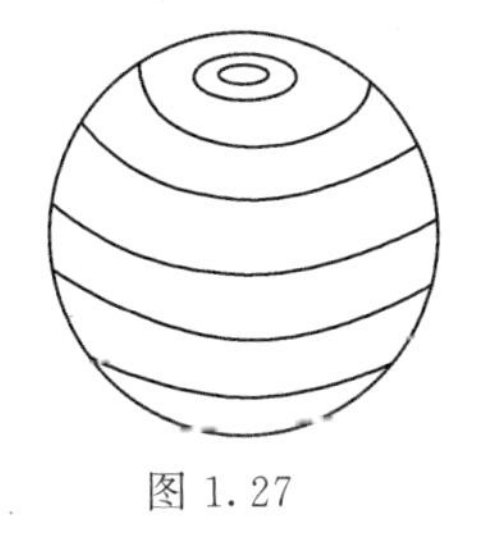

图 1.27

用圆周填满球面,就差了两个点. 事实上,只要在球面上任意挖掉两点,这两点不必是南极和北极,我们就可以用圆周铺满这个球面.例如,设挖掉的两点是 u 和 v,过 u,v 分别作球面的切平面.如果两个切平面平行,那么把 u 当作北极,v 当作南极,所有纬线可填满挖去 u、v 两点的球面.如果两切平面不平行(图 1.28),它们就相交于一条直线.那么过这条直线且夹在两个切平面之间的任何平面,与球面均可相交成圆周.所有这些圆周互不黏连,且把挖掉 u、v 两点的球面填满了(图 1.29).

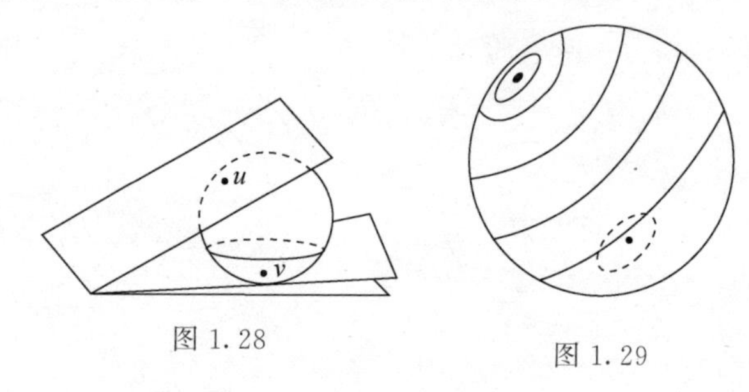

图 1.28　　图 1.29

1.3.4　借用一直线,圆周即可填充空间

从前面的分析可以知道,若去掉经过 O 点的直线,则以 O 为球心、挖掉两个点的同心球面,可以填满余下的整个空间.这些缺少两个点的球面,都可以如上所述分割成互不相交的圆周.将所有这些缺少两个点的球面上的圆周算在一起,我们就知道,借用一条直线,或者说空间中去掉一条直线,就可以用圆周填充余下的空间.图 1.30 就是这种填充方式的侧视示意图.

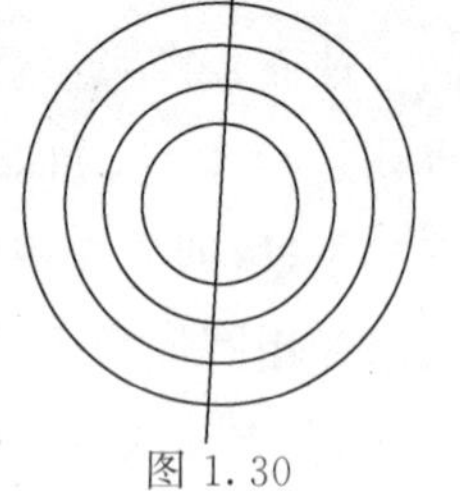
图 1.30

照理说,那一条直线可以看作半径无穷大的圆周.这样,用圆周填充空间的问题似乎也得到一种答案.可惜,这样勉强交差讲不过去.事实上,如果直线可以看作圆

周,平面铺填和空间填充问题也就未免太简单了.

1.3.5 圆周巧填空间

用球面填充空间和用圆周填充球面的尝试,表明不能圆满地解决问题,它们不是差一点,就是差两点.然而,失败往往孕育着成功.因为我们知道了所有同心球面可以填满挖去球心的空间,被任意挖掉两点的球面可以用圆周填满.正是在这个基础上,瑞典斯德哥尔摩大学数学系的A.舒尔金(A. Szulkin)设计了一种巧妙的方法,从每个同心球面上挖掉两个点,这些点与同心球心 O 一起,恰好填成一个个无黏连相交的且半径都等于1的小圆周,而每个被挖掉两点的球面又都可用圆周填满.这样整个空间就被圆周填满了!

舒尔金是怎么做到的呢?图1.31是侧视示意图:过同心球面的球心 O 做一个平面,在这个平面上过点 O 画一条直线,把这条直线看作以0为原点的数轴,以数轴上的坐标1,5,9,13,…和 $-3,-7,-11,\cdots$ 即 $4m+1(m=0,\pm1,\cdots)$ 的点为圆心,在平面上做出一串半径为1的圆周,那么空间里每个以 O 为球心的球面都与小圆周相交于两点.它们或者是一个球面与某一个小圆周相交于两点(如图1.31中 C 和 C' 那样的球面),或者是一个球面与小圆周在数轴上相交(如图1.31中 A,B 那样的球面).此时,该球面若与一个小圆周的左端点相交,则它必定还与另一个小圆周的右端点相交.这样,所有的同心球面就都被挖掉两点,于是我们由前面内容可知这些球面均可以被圆周填满;而挖掉的所有的点恰好与 O(同心球心)一起,填成上述以数轴上的坐标为 $4m+1(m=0,\pm1,\cdots)$ 的点为圆心的半径都是1的小圆周.

至此,用圆周填满空间的问题就圆满解决了.

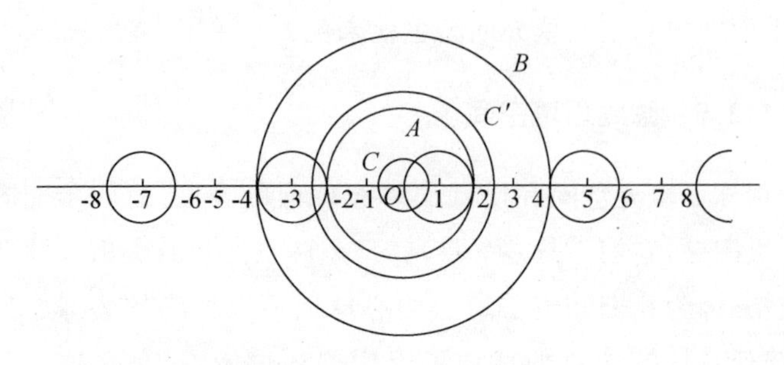

图 1.31

通常,对问题的深入思考,我们往往可以得出一些令人振奋的结论.科学研究的很要紧的一点就是要学会如何思考问题.但愿有心的读者进行深刻的思考,可以把自己引入科学的殿堂,最终能在学术上做出一番成就.

二　算法的成本理论

算法的成本理论，研究的是数值计算过程中所需的运行时间和存储空间的代价. 运行时间和存储空间资源的占用多少，就是算法的经济成本的量度. 随着当今计算机科技的迅猛发展，作为成本代价的存储空间代价已移居次要地位，而运行时间代价就成为评价算法优劣的主要指标了. 计算的成本，就是文献中所指的计算复杂性.

§2.1　数值计算的复杂性问题

复杂性(complexity)作为一个科学名词出现，是最近四十多年的事. 这也是在《数学百科辞典》和《简明不列颠百科全书》中找不到“复杂性”条目的原因.

复杂性的科学研究，有蔓延的趋势. 例如，20 世纪 80 年代已经有人讨论分形几何集合(the geometry of fractal sets)的复杂性问题. 不过，科学研究却还只限于两个方面：计算机科学的复杂性理论和数值计算的复杂性理论.

读者听说过二进制数、图灵机、递归函数和人工智能，这些内容都属于计算机科学的复杂性讨论的范围. 粗略地说，计算机科学的复杂性讨论，是有关机器(指计算机)原理、功能和机器设计的讨论.数值计算的复杂性讨论,则主要是数值计算方法的效率和数值计算方法的设计的讨论.当然,两种复杂性讨论之间存在着深刻的联系,它们都是电子数字计算机蓬勃发展和广泛应用的产物.但是,它们之间又有明确的界限.例如,为了研究数值计算方法的复杂性问题,你不必知道多少机器的原理,但是要研究计算机科学的复杂性问题,非得精通机器的原理不行.现代的数值计算,当然离不开计算机.但是,使用机器和了解机器的原理,毕竟是两回事.现在计算器已经很普及,人人都会用,然而这些人多半不知道也不关心它的运行原理.在这个意义上,可以说数值计算的复杂性讨论,研究的是如何更好地利用机器进行数值计算的问题.

本章的宗旨,是在中学数学的基础上,向读者介绍数值计算的复杂性讨论的思想和进展.复杂性讨论的应用性很强,但是读者将会看到,纯粹数学中原先被认为是很抽象的一些理论,在这个应用和科学的研究中表现出强大的生命力.

2.1.1 惊人的成本:可怕的指数增长——古印度数学故事

算法效率之高低,指的是收敛之快慢,这是没有疑问的.倘若我们知道,用算法 A 求问题 Y 的解要 10 秒钟,用算法 B 求问题 Z 的解要 3 分钟,你能下结论说算法 A 的效率比算法 B 高吗?

不能这样下结论.如果你用每秒可运算亿次的银河机算了 10 秒钟,我用可编程序的计算器算了 3 分钟,机器功能差得太远,决不能说算法 A 算得比算法 B 快.

即使机器完全一样,也不能贸然下结论说算法 A 比算法 B 效率高.假如 Y 是 $x-1.7=0$ 这样一个方程的求解问题,而 Z

是 $x^5-17x+2=0$ 这样一个方程的求解问题，那么问题 Z 比问题 Y 难得多. 算法 A 解一个容易的问题需要 10 秒钟，算法 B 解难得多的问题需要 3 分钟，并不能说明算法 A 比算法 B 效率高.

机器的问题后面再讨论，现在只说说问题之难易. 难度这个概念，是主客观两方面因素的共同反映. 一元二次方程对初一的学生很难，对初三的学生就相当容易. 为了剔除主观能力因素的影响，我们舍弃难度这个概念，而采用问题的规模这个概念. 我们不忙于下定义，只从具体问题说起. 面对代数方程求根这样的数值计算问题，方程的次数就是问题规模的最主要的指标. 除了特殊方程的情况，解 9 次方程当然比解 8 次方程工作量要大，这点大家都会同意.

同一种算法，解小规模的问题花时间少，解大规模的问题花时间多，这是很自然的事. 问题是，随着问题规模的增加，所需要的计算时间如何增加？以代数方程求解的问题来说，如果方程的次数是 n，求解所需要的时间，我们把它暂记作 $T(n)$. $T(n)$ 究竟是 n 的什么函数呢？即使没有明确的函数关系，也要尽可能把它们的关系反映出来.

对于复杂性问题来说，最要命的关系是形如 $T(n)=a2^n$ 的指数关系. 指数关系为什么这么要紧？我们先看一个古印度的数学故事.

传说宰相达依尔因为发明了国际象棋而很得印度舍尔王的欢心. 舍尔王打算重赏达依尔，问他有什么要求. 达依尔跪在国王面前说："陛下，请你在这张棋盘的第 1 个小格内，赏给我 1 粒小麦，在第 2 个格子内赏给我 2 粒，在第 3 个格子内赏给我 4 粒，在第 4 个格子内赏给我 8 粒，照这样下去，每一小格内的麦粒都比前一小格内多一倍. 陛下啊,当这棋盘上的 64 个小格都摆完麦粒的时候,你就把这些麦粒都赐给你的仆人吧!"

大家知道,国际象棋共有 64 个黑白格子. 国王听了达依尔的要求,觉得他的要求实在很低,几粒麦子有什么了不起? 说着,国王就令人把一袋小麦背到宝座前.

计数麦粒的工作开始了. 第 1 格放 1 粒,第 2 格放 2 粒,第 3 格放 4 粒,……. 还没到第 20 格,袋子已经空了. 一袋又一袋小麦被扛到国王面前来. 但是,麦粒数目一格接一格增长得那么快,人们马上意识到,即便把全印度的小麦都搬来,国王也兑现不了他对达依尔的赏赐. 国王感到丢脸,砍了达依尔的脑袋.

让我们来算一下,达依尔所要的麦子,究竟有多少? 其实,麦粒数目正是

$$1+2+2^2+2^3+\cdots+2^{63},$$

这是公比为 2 的一个等比数列的前 64 项的和,它等于

$$\begin{aligned}\frac{2^{64}-1}{2-1}&=2^{64}-1\\&=18\ 446\ 744\ 073\ 709\ 551\ 615.\end{aligned}$$

查一下植物学的书,麦子不是说每粒多重,而是说每千粒多重. 一般小麦的千粒重大约是 40 克,所以,达依尔要求的小麦,重约

$$\begin{aligned}&1.8\times10^{19}\times40/1\ 000\ \text{克}\\&=1.8\times40\times10^{10}\ \text{吨}\\&=720\ 000\ 000\ 000\ \text{吨}.\end{aligned}$$

全世界在两千年里生产的小麦加起来,也不到这个数. 可见,这位聪明的宰相看起来很微不足道的要求,竟有这么大的分量!

从 1 增加到 2,从 2 增加到 4,都很不显眼. 但是接着做下去,就变成了天文数字,这就是指数增长的可怕之处. 算法效率最要

紧的标志,就是解题时间 $T(n)$ 随着问题规模 n 的增长,绝对不可以是指数式的增长关系!

古印度的数学家,可能是世界上最早领会到指数增长之厉害的人,棋盘放麦子的故事就是一个例子.

下面再讲一个梵天宝塔的传说,它明确地把一种算法与计算时间的指数增长展现在我们面前.

古印度人把佛教圣地瓦拉纳西看作世界的中心.传说在瓦拉纳西的圣庙里,有一块黄铜板,上面竖着3根宝石针.这些宝石针,径不及小指,长仅半臂.大梵天王(印度教的一位主神)在创造世界的时候,在其中一根针上,放置了64片中心有插孔的金片.这些金片大小都不一样,大的金片在下面,小的金片在上面,从下到上叠成塔形,这就是所谓梵天宝塔.

大梵天王为梵天宝塔立下了至尊不渝的法则:这些圆形金片可以从一根针移到另一根针,每次只能移动一片,并且要求不管在任何时刻,也不管在哪根针上,小金片永远在大金片上面,绝不允许颠倒.

大梵天王预言,当叠成塔形的64片金片都从他创造世界时所放置的那根针上移到另一根针上去,并且也是大的在下、小的在上叠成塔形的时候,世界的末日就要来临,一声霹雳将把梵天宝塔、庙宇和众生都消灭干净.

如果不是数字64在暗示的话,读者可能会想:这个传说未免太不高明了,不就是64个金片吗?顶多几个钟头就可以实现梵天宝塔挪位,到那个时候,预言者岂不是要自己掌嘴?

我和你一样,不相信什么世界末日,不过,按照大梵天王的法则把梵天宝塔从一根针上移到另一根针上,可不是容易的事.诚然,传说毕竟是传说,但我们不妨把梵天宝塔作为一种数学游戏，自己动手试试．“实践出真知”，这可是学问的至理．

按照大梵天王的法则（图 2.1），把一个 n 层的梵天宝塔从 A 柱移到 B 柱，至少要移动多少次呢？我们把这个移动次数记作 $S(n)$．$n=64$ 是比较多的，我们先从 $n=1,2,3$ 做起．

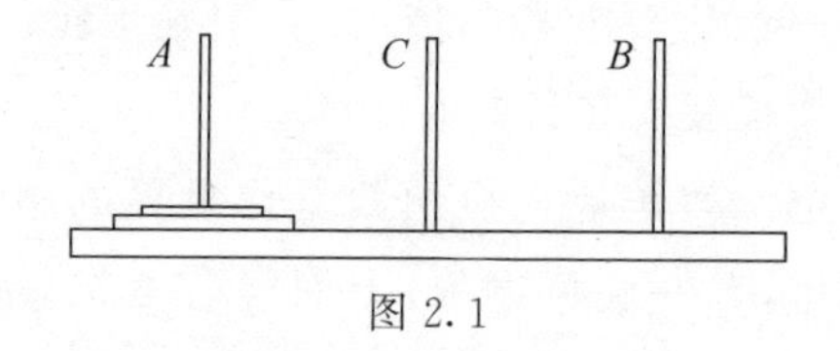

图 2.1

$n=1$ 时，把金片直接从 A 柱移到 B 柱就行了，所以 $S(1)=1$．$n=2$ 时，可以借助 C 柱，先把小片移到 C 柱暂住，再把大片移到 B 柱，最后把小片也移到 B 柱上，压在大片上面．3 步完成，所以 $S(2)=3$．$n=3$ 时，我们这样来分解任务：先把上面的 2 层塔移到 C 柱，再把最底片移到 B 柱，最后把那个 2 层塔移到 B 柱，这样，3 层塔的挪位完成．前已讨论过 2 层塔，知道前后将 2 层塔从 A 柱移到 C 柱和从 C 柱移到 B 柱都各需 3 次，当中一步将底片从 A 柱移到 B 柱只需 1 次，所以移动次数是 $3+1+3=7$ 次，知 $S(3)=7$．

同样道理，$n=4$ 时，$S(4)=7+1+7=15$．这启发我们猜想 $S(n)=2^n-1$．下面就来完成这个猜想的归纳证明．

设公式对 $n=k$ 已成立，现在要移 $k+1$ 层梵天宝塔，将任务进行三段分解：先将上面 k 层由 A 柱移到 C 柱暂居，需要 2^k-1 步；再将最底下的大片由 A 柱移到 B 柱，需 1 步；最后将上面的 k 层梵天宝塔从 C 柱移到 B 柱，需要 2^k-1 步．由此可得：

$$S(k+1)=2^k-1+1+2^k-1=2^{k+1}-1.$$

归纳证明完成．

至此我们知道,把一个 n 层梵天宝塔按照大梵天王的法则从一根柱上搬到另一根柱上,至少要移动金片 $S(n)=2^n-1$ 次.

假如你手脚非常麻利,一秒钟可以移动一次金片,那么:

$n=1$ 时,1 秒钟你就完成任务.

$n=2$ 时,3 秒钟你就完成任务.

$n=3$ 时,7 秒钟就够了.

$n=4$ 时,需要 15 秒钟.

$n=5$ 时,需要 31 秒.

$n=6$ 时,需要$(2^6-1)/60=1.05$ 分钟.

$n=7$ 时,需要$(2^7-1)/60=2.12$ 分钟.

$n=8$ 时,需要$(2^8-1)/60=4.25$ 分钟.

……

看起来都没有什么了不起,可是,当 $n=64$,变成真正的梵天宝塔时,尽管你训练有素,手脚麻利,也需要

$$\begin{aligned} S(64) &= 2^{64}-1 \\ &= 18\,446\,744\,073\,709\,551\,615 \end{aligned}$$

秒的时间才能完成移塔的任务.我们知道,平均一年约 365.24 天,每天 24 小时,每小时合 $60\times60=3600$ 秒,所以一年大约 31 557 000 秒.由此可以算出,你需要大约

$$(2^{64}-1)\div 31\,557\,000\approx 584\,600\,000\,000$$

年的时间才能完成这项任务.

你面临的是梵天宝塔移位的问题,问题的规模就是梵天宝塔的层数 n.问题的规模只从 $n=1$ 增加到 $n=64$,你为了解决这个问题所需要的时间却从 1 秒钟增加到将近 6 000 亿年!

这就是指数增长的厉害.

按照近代天体物理学的一种理论,太阳系是在大约30亿年前由处于混沌状态的物质逐渐演变而成的,太阳的核子燃料还能使用100亿年~150亿年.如果这种理论是正确的,那么粗略一算,就知道太阳系的寿命不会超过200亿年.这些数据不应当成为"世界末日"的证明.远在太阳系的寿命结束以前,人类文明该早已找到新的寄托、新的载体,新的可以更加大显身手的广阔天地.值得我们惊叹的是,古印度的先贤们对指数增长竟有如此深刻的了解.64是一个小小的很平凡的数目字,可是通过指数关系,64层梵天宝塔所赋予的期限,原来却如此之长.这个期限比太阳系的寿命还长得多,谁还能企求更多呢?

2.1.2 算法的目标:寻求多项式时间算法

前面我们谈的是一个问题的一种解法,问题是"梵塔移柱",我们把解法叫作"借柱归纳".这是因为把塔从A柱移到B柱的过程中,要借助C柱让一些金片暂居,移柱的方法是归纳地说明的.问题的规模是金片的数目n.解法的工作量,以移片次数表示,是$S(n)=2^n-1$.也许你对"借柱归纳"解法不满意,因为$n=64$时就要6 000亿年才能完成任务,但是可以证明,这已经是最经济、最聪明的解法了.工作量大,是问题本身的性质所规定的,在这样的问题面前,不会有更好的解法.

现在我们换一个角度看看.假如面对同一个问题,几个人使用几种不同的解法,我们要评判哪一种解法最节省、最经济.

仍设问题的规模为n.假如有6种不同的解法,它们要解决这个规模n的问题所需要的工作量分别是

$$S_1(n)=n,\quad S_2(n)=n^2,$$

$$S_3(n) = n^3, \quad S_4(n) = n^5,$$

$$S_5(n) = 2^n, \quad S_6(n) = 3^n.$$

这些 $S(n)$ 代表了解题的工作量，反映解法的效率如何. 因为工作量的大小、工作效率的高低，总是可以用工作时间来表示的，所以上述函数 $S(n)$ 通常就叫作解法或算法的时间复杂性函数.

上述 6 种时间复杂性函数中，S_1 是一次函数或线性函数，S_2 是 2 次函数，S_3 是 3 次函数，S_4 是 5 次函数. 它们统称为多项式时间复杂性函数，这是因为它们都可以成为以 n 为变元的某个多项式的一部分. 与此相对照，S_5 和 S_6 这样的时间复杂性函数，就叫作指数式时间复杂性函数. 当 n 很大时，2^n-1 和 2^n 之比几乎就是 1，所以"梵塔移柱"的"借柱归纳"解法的时间复杂性函数也是指数式时间复杂性函数.

现在比较一下这 6 种方法的解题速度. 假定都用 1 微秒(0.000 001 秒)能够完成 1 次运算(例如，移动一片金片这样的动作)的电子计算机，那么问题规模 n 和解题时间之间的关系，可以列成表 2.1.

从表 2.1 可以看出，对于多项式时间复杂性函数，工作量随问题规模 n 增长而增长的速度都比较温和，但是对于指数式时间复杂性函数，这种增长到后来就非常激烈. 我们特别比较一下 $S_4(n)=n^5$ 和 $S_5(n)=2^n$ 这两行. 当 n 比较小时，2^n 方法甚至比 n^5 方法还节省，但当 n 较大时，2^n 方法所需的解题时间就比 n^5 方法所需的时间大得多. 例如，当 $n=40$ 时，n^5 方法只需要 1.7 分钟，而 2^n 方法需要 12.7 天；当 $n=60$ 时，n^5 方法只需要 13 分钟，而 2^n 方法却需要 366 个世纪！

表 2.1 问题规模 n 和解题时间之间的关系

时间复杂性函数	解题时间				
	$n=5$	$n=10$	$n=20$	$n=40$	$n=60$
n	0.000 005 秒	0.000 01 秒	0.000 02 秒	0.000 04 秒	0.000 06 秒
n^2	0.000 025 秒	0.000 1 秒	0.000 4 秒	0.001 6 秒	0.003 6 秒
n^3	0.000 125 秒	0.001 秒	0.008 秒	0.064 秒	0.216 秒
n^5	0.003 125 秒	0.1 秒	3.2 秒	1.7 分	13.0 分
2^n	0.000 032 秒	0.001 秒	1.0 秒	12.7 天	366 世纪
3^n	0.000 243 秒	0.059 秒	58 分	3 855 世纪	1.3×10^{13} 世纪

随着社会经济的发展和科学技术的发展，应用问题的规模数达到几百、几千是常有的事. 例如，投入产出的经济分析，就经常要处理几百个经济变量，这个“几百”，就是投入产出分析问题的规模. 本书后面会谈到线性规划问题. 大型线性规划问题要处理上千个方程(“等式”)和上千个约束条件(“不等式”)，这里的“几千”，就是线性规划问题的规模.

读者也许会想，虽然问题规模越来越大，但是计算机的运算速度也越来越快，所以没有什么可担心的. 其实不然.

我们还是以上述 6 种方法作为例子试做分析. 假定这 6 种方法用现有的计算机在一小时内可以解决的问题的最大规模都是 $n=1\,000$. 这样做，是为了把 6 种方法都放在同一条起跑线上，便于做公平的比较. 表 2.2 告诉我们，如果发明了速度等于现有机器 100 倍或1 000倍的计算机，那么在一小时内可解的问题的规模如何变化. ①

① 读者可自行推算出表中最后两列的全部约数，这是学习中学数学指数关系的一个训练.

表 2.2　一小时内可解的问题的规模

时间复杂性函数	用现有的计算机	速度等于现有机器100倍的计算机	速度等于现有机器1 000倍的计算机
n	1 000	100 000	1 000 000
n^2	1 000	10 000	31 600
n^3	1 000	4 640	10 000
n^5	1 000	2 500	3 980
2^n	1 000	1 007	1 010
3^n	1 000	1 004	1 006

从表 2.2 可以看到，当发明了新的计算机，运算速度提高到原来的1 000倍时，对于 n^5 方法，一小时内可解的问题的规模从1 000增加到3 980，差不多是原来的 4 倍，而对于 2^n 方法，可解问题的规模从1 000增加到1 010，只增加 1%.

由此可见，面对随着社会经济发展和科学技术发展而规模日益扩大的问题，指数式时间复杂性函数的计算机解法，是力不从心、无能为力的. 相反，多项式时间复杂性函数的计算机解法，却能胜任自如.

任何问题的计算机解法，都通称为算法. 具有多项式时间复杂性函数的算法，简称为多项式时间算法；具有指数式时间复杂性函数的算法，简称为指数时间算法，但是要注意指数时间算法也包括某些原来不看作指数函数但肯定不是多项式的情形，例如 $n^{\log_2 n}$. 所以，复杂性理论中所说的指数时间算法.

基于上述讨论分析，我们就可以明白，为什么在计算机科学和计算数学中，都把多项式时间算法看作“好的”算法. 科学研究的一个重要内容，就是判别和论证现有的各种算法是不是多项式时间算法，或者寻找和设计新的多项式时间算法.

既然多项式时间算法是好的算法，那么，是否指数时间算法都是不好的算法呢?

这个问题不那么简单.例如,不动点迭代

$$x_{n+1}=(x_n^5+2)/17$$

是解方程 $x^5-17x+2=0$ 的一种算法.读者可以自己试试,这个算法相当好,它使你借助一个袖珍计算器,在短短几分钟内就求出了方程的全部不同的实根,其中 $x=-2.0\ 589\ 476$ 和 $x=0.1\ 176\ 483$是你怎么也猜不着的.但是这个迭代算法是多项式时间算法吗?

不是.

多项式时间算法的定义是:解决规模为 n 的问题所需要的时间不超过cn^k,这里 c 是一个正常数,而 k 是一个固定的非负整数.容易验证,上述迭代如果从 $x=3$ 开始,就根本不收敛,不解决问题.这就是说,不论你迭代多少时间,问题总不能解决.所以,按 cn^k 确定时限的 c 和 k 不存在,这就说明它不是多项式时间算法.

但是如果从比较好的地方开始迭代,它又算得很好,十分令人满意.所以,面对一个非多项式时间算法,我们并不立即判定它是不好的算法而完全抛弃它,而是要研究它什么时候不好,为什么不好,更要研究它什么时候会表现出好的行为,什么时候可以解决我们面对的问题.

本来,只有当一种算法是收敛的时候,才可以说它是多项式时间算法或指数时间算法.上述不动点迭代从很多地方开始迭代都不收敛,我们尚且不能笼统说它不好,那么如果是收敛的算法但收敛得比较慢(指数时间),更不能马上说它不好.这是一个深一步的问题,我们在后面再讲.这里,首先要知道什么是多项式时间算法和它为什么那么重要.

§2.2　斯梅尔对牛顿算法计算复杂性的研究

I. 牛顿(I. Newton)是17世纪中叶到18世纪20年代的大科学家. 他不但在物理学方面有牛顿三大定律这样伟大的发现，而且对近代数学的发展也做出重大贡献. 牛顿是英国人，他和同时代的德国数学家G. 莱布尼茨(G. Leibniz)，被公认为是微积分的创始人.

在解方程方面，他提出了方程求根的一种迭代方法，被后人称为牛顿算法. 300年来，人们一直使用牛顿算法，改善牛顿算法，不断推广牛顿算法的应用范围. 牛顿算法，可以说是数值计算方面的最有影响的计算方法.

数值计算的复杂性理论，是新兴的科学研究. 它要站得住脚，要显示力量，自然就希望在牛顿算法上做出样子来. 美国加利福尼亚大学伯克利分校教授S. 斯梅尔(S. Smale)这样做了，并且取得很大成功，成为数值计算复杂性理论的划时代的工作.

2.2.1　代数基本定理与计算复杂性问题

大家知道，形如

$$f(z) = c_n z^n + c_{n-1} z^{n-1} + \cdots + c_1 z + c_0$$

的函数，称为n阶复系数多项式，这里n是自然数，z是复变量，$c_0, c_1, \cdots, c_n$都是复常数，并且$c_n \neq 0$. 如果一个复数ξ使得用$z=\xi$代入这个多项式后多项式的值为0，即$f(\xi)=0$，就说$z=\xi$是多项式$f(z)$的一个零点，或一个根.

在寻求零点或计算零点的时候，我们可以先用$c_n \neq 0$除整个多项式，所得的多项式

$$g(z) = z^n + (c_{n-1}/c_n) z^{n-1} + \cdots + (c_1/c_n) z + (c_0/c_n)$$

的零点与原来多项式 $f(z)$ 的零点一致. 因此,今后我们只讨论形如

$$f(z) = z^n + a_{n-1}z^{n-1} + \cdots + a_1 z + a_0$$

的所谓首一多项式(monic polynomial),其中 z 是复变量,a_0,a_1,…,a_{n-1} 都是复常数. 自然数 n 仍是多项式的阶. 其实,我们在第 1 章讨论的就是这样的首一复系数多项式的求根问题.

代数基本定理说,任一 n 阶复系数多项式必有一个复零点. 或者采用更强的形式:任一 n 阶复系数多项式,正好有 n 个复零点. 数学史上有一些经典的论题,它们虽然已经被解决,却仍然一再唤起人们的热情去从事温故而知新的工作. 代数基本定理就是这样一个论题. 大家知道,德国数学家高斯从 1799 年到 1850 年前后相距达半个世纪的时间里,曾经提出代数基本定理的四个证明. 更早,还可以追溯到牛顿、麦克劳林、达朗贝尔、欧拉和拉格朗日. 但是必须指出,即使是高斯的证明,在严格的意义上说来,也是有缺陷的.

近几十年来,人们致力于代数基本定理的构造性的证明(constructive proof),取得了很大的成功. 库恩算法(多项式方程求根的魔术植物栽培算法)就是一个例子. 构造性是什么意思呢? 以判断"有没有零点"的所谓零点存在性问题为例,构造性的讨论方法是:具体(设计一种方法)找出零点来,说明它是存在的. 非构造性的讨论方法则往往是"反证法":假定零点不存在,然后引出与已知事实的矛盾. 打个比方:面对 3 只雏鸡,闭着眼睛你也可以判断其中至少有 2 只是同性的,否则会与鸡只有雌雄两个性别的事实矛盾. 这样一个判断过程就是非构造性的. 倘若你是一个辨认雏鸡性别的行家,实际辨认出其中有 2 只是雄性的,并由此得出存在一对同性雏鸡的结论,这样一个判断过程

就是构造性的.反证法在逻辑上常常非常漂亮,但是带给人们的信息较少.相反,构造性的工作虽然有时比较繁复,却不但肯定了"存在"的事实,还指示怎样把这个"存在"找出来.所以,随着社会和科学的发展,各方面对数学的要求,越来越倾向于构造性的解决办法.面对我们的多项式零点问题,构造性的工作就是要提出寻求或计算零点的一种方法或一种算法.

既然我们强调构造性工作的实际应用价值,那么,算法的效率如何,就是一个十分重要的问题.如果有人提出一种算法,并且在数学上证明了按照这种算法一定可以找到问题的解,但是可能要在最新的电子计算机上花费 10^{10} 年的时间,你对这种算法,有什么感觉呢?说不定会啼笑皆非.

时间就是成本.所以算法效率的讨论,也就是计算成本的讨论.一种算法,通常是对于某种类型的问题提出来的.问题的规模有大有小.问题的规模越大,解决问题的成本一般也越高.按照计算复杂性理论(computational complexity theory),如果计算成本随着问题规模的增长而增长的关系是指数式的(exponentially),这种算法就被认为是实际上难以接受的.如果计算成本随着问题规模的增长的关系是多项式的,这种算法将被认为是实际可行的,并被称作多项式时间算法(algorithm of polynomial time).以当前①世界上电子计算机对付得最多的线性规划(linear programming)问题为例,单纯形方法(simplex method)是一种人们乐于采用的方法.但是有人举出例子,说明在最坏的情况下,单纯形方法的计算成本是指数式增长的.1978年,苏联数学家哈奇安(Khachian)提出线性规划问题的一种多项式时间

① 本书写于1990年.——编者注

算法，一时成为《纽约时报》的头版新闻. 不久，斯梅尔教授宣布，概率地说（probabilistically），即除去一部分最坏的和很坏的情形以外，单纯形方法的计算成本随问题规模增长而增长的关系是线性的. 大家知道，线性关系是最好的一类多项式关系. 又过了不久，旅美印度数学家卡马卡（Karmarkar）提出在许多情况下会比单纯形方法优越的内点算法. 这些都是计算复杂性理论方面令人惊叹的进展.

2.2.2 经典的算法：多项式求根的牛顿算法

牛顿算法既可以对付实变量，也可以对付复变量. 从易到难，我们先从读者比较习惯的实变量情形讲起.

数学式子写下来，总难免使人感觉枯燥. 牛顿算法也是这样. 所以，开始时我们强调从几何上学习牛顿算法，学会按照牛顿算法的思想，依靠画图解决问题. 读者将体会到，画图帮助思考，是学习数学的好方法.

在实变量的情形中，一个函数 $y=f(x)$，通常可以用 x-y 平面上的一条曲线来表示. 中学里讲过圆的切线，现在我们说说，曲线在一点的切线是怎么回事. 图 2.2 中的粗实线，表示函数 $y=f(x)$的图像的一部分. 设 P 是曲线上的一点. 在曲线上取邻近 P 的另一点 P'，作经过 P 和 P'的割线. 当点 P'沿着曲线 $y=f(x)$趋近到 P 的时候，割线 PP'的极限位置 PT，叫作曲线 $y=f(x)$在点 P 的切线.

如果曲线是圆的话，这样得到的切线也和以前所说的圆的切线一样，与圆的半径垂直.

值得注意的是，图 2.2 中的点 P'，既可取在点 P 的右邻，也可取在点 P 的左邻. 从图像分析可以知道，只要曲线在点 P 附近是光滑的，曲线在 P 点就有(唯一的)切线．如果曲线在 P 点断开，曲线在 P 点就没有切线．如果曲线在 P 点虽然不断开，但是折起一个角，那么把 P' 取在右侧时割线的极限和把 P' 取在左侧时割线的极限不一样．这时，也说曲线在 P 点没有切线．例如，心形曲线在心尖那里就没有切线．

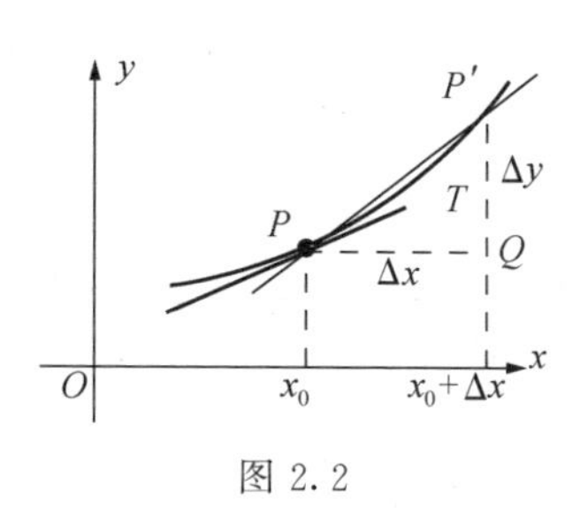

图 2.2

在曲线的任一点附近，这一点处的切线是最接近曲线的直线．曲线比较复杂，计算起来麻烦．切线是直线，计算起来就比较容易．用切线代替曲线进行计算，就是牛顿算法的基本思想，我们以此来说明函数求根的牛顿算法．

设 $f(x)$是一个函数．使得函数值等于 0 的点，通常叫作函数的零点，即：说 ξ 是 $f(x)$的零点，就是指 $f(\xi)=0$．但是为了与本书主要讨论的多项式的说法一致，我们也说 ξ 是函数 $f(x)$的根．简言之，在本书中，根就是零点，零点就是根．

如图 2.3 所示，粗实线代表函数 $y=f(x)$．如果我们已经知道曲线上的一点$(x_0,f(x_0))$，那么从这点出发沿曲线走，应该可以走到表示函数的根的一点$(x^*,0)$．曲线是比较复杂的，沿曲线走说说容易，做起来就不容易．但是既然切线是最贴近曲线的直线，为什么不试试沿切线走，看能不能找到函数的根？从已知点出发沿切线走到 x 轴上，这就是牛顿方法！

这样，我们从$(x_0,f(x_0))$出发，沿曲线在这点的切线，走到了 x 轴上的一点$(x_1,0)$．x_1 还不是函数的根，这并不奇怪，因为切线毕竟不是曲线本身，但是从图上可以看出，比起原来的 x_0 来，x_1 离 x^* 近得多了．再从$(x_1,f(x_1))$出发，沿曲线在

$(x_1, f(x_1))$这点的切线走到 x 轴上的$(x_2, 0)$，就靠 x^* 更近了. 如果你还不满意，那么还可以从$(x_2, f(x_2))$出发沿曲线的切线走到 x 轴上的$(x_3, 0)$，这个 x_3 恐怕要用放大镜才能画在图上. 这样，$x_0, x_1, x_2, \cdots$，一点点走过去，很快就会到达函数的根 x^*.

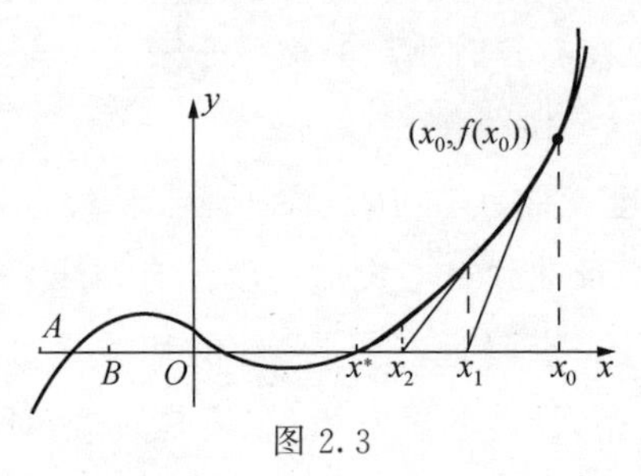

图 2.3

读者可以把 x_0 放在图上 A 或 B 的位置，采用牛顿的沿切线走的方法，看看能不能找到函数的根. 牛顿方法的要义是沿切线走，所以又叫作切线法.

从 x_0 到 x_1 的几何含义已经清楚，现在我们转而看看计算式子应当怎样写. 几何图形对理解方法很有好处，具体计算数据却还得靠计算公式提供. 何况，计算机从根本上说是只会做代数运算的.

如图 2.3 所示，从 x_0 到 x_1，哪些东西是已知的？首先，x_0 是知道的，进而 $f(x_0)$ 也就知道了. 三点$(x_0, 0)$，$(x_0, f(x_0))$和$(x_1, 0)$确定一个直角三角形，现在是已知前两点，要算出第三点，这只要知道斜边的斜率就可以做到.

斜边就是曲线在点$(x_0, f(x_0))$处的切线，切线的斜率怎么确定呢？我们回到图 2.2. 切线是割线 PP' 的极限位置. 割线的斜率是差商

$$\frac{\Delta y}{\Delta x} = \frac{f(x_0 + \Delta x) - f(x_0)}{\Delta x},$$

即两点函数值之差和两点自变量之差的比.所以,切线的斜率就是上面这个比式当 Δx 趋于 0 时的极限,这个极限就是微分学里的函数 $f(x)$在 $x=x_0$ 处的微商(也称作导数),并且记作$f'(x_0)$.所以,曲线 $y=f(x)$在点$(x_0,f(x_0))$处的切线的斜率,就是函数 $f(x)$在 $x=x_0$ 处的微商$f'(x_0)$.微商就是差商的极限.

这样,在图 2.3 中,直角三角形两条直角边的长分别是 x_0-x_1 和 $f(x_0)-0=f(x_0)$,斜边的斜率是 $f'(x_0)$,所以两直角边的边长关系是

$$f'(x_0)(x_0-x_1)=f(x_0).$$

因为 $f(x)$是已知的,它在 $x=x_0$ 的值 $f(x_0)$和它的微商在 $x=x_0$ 处的值 $f'(x_0)$都算作已知,所以在上式中,只有 x_1 未知,它正是要算的东西,于是我们得到

$$x_1=x_0-f(x_0)/f'(x_0),$$

这就是按照牛顿方法从 x_0 计算 x_1 的公式.

同样,从 x_1 计算 x_2 的公式是

$$x_2=x_1-f(x_1)/f'(x_1),$$

归纳起来,可以写出按照牛顿方法从一点计算下一点的公式

$$x_k=x_{k-1}-f(x_{k-1})/f'(x_{k-1}),k=1,2,3,\cdots$$

这就是牛顿算法的迭代公式.

这里主要讨论多项式求根的计算复杂性问题.如果你没有学过微分学,不知道一般函数的微商怎么计算,那么我告诉你,多项式的微商特别容易计算.事实上,

$$f(z)=a_nz^n+a_{n-1}z^{n-1}+\cdots+a_1z+a_0$$

的微商函数(它也是一个函数!)就是

$$f'(z)=na_nz^{n-1}+(n-1)a_{n-1}z^{n-2}+\cdots+2a_2z+a_1,$$

其规律是:a_kz^k 项变成 ka_kz^{k-1},即原来 k 次幂的项,系数乘 k,指

数减 1. 所以最后两项 a_1z+a_0，在求微商之后变成 $1a_1z^{1-1}+0a_0z^{0-1}=a_1$. 已知一个函数求它的微商函数的运算，叫作求微商运算或求导运算. 只要正确掌握微商概念，上面介绍的多项式求导法则，当多项式是熟悉的实变量多项式时，可以用一个式子

$$
\begin{aligned}
(a_kx^k)' &= \lim_{\Delta x\to 0}\frac{a_k(x+\Delta x)^k-a_kx^k}{(x+\Delta x)-x} \\
&= \lim_{\Delta x\to 0}\frac{a_k(\mathrm{C}_k^1x^{k-1}\Delta x+\mathrm{C}_k^2x^{k-2}\Delta x^2+\cdots+\mathrm{C}_k^k\Delta x^k)}{\Delta x} \\
&= \lim_{\Delta x\to 0}a_k(\mathrm{C}_k^1x^{k-1}+\mathrm{C}_k^2x^{k-2}\Delta x+\cdots+\mathrm{C}_k^k\Delta x^{k-1}) \\
&= \mathrm{C}_k^1a_kx^{k-1}=ka_kx^{k-1}
\end{aligned}
$$

来证明. 但是需要指出，当多项式是复变量多项式时，上述多项式求导运算法则仍然成立.

例如，若 $f(x)=x^3+2x^2+10x-20$，那么就得 $f'(x)=3x^2+4x+10$；若 $f(z)=z^{41}+z^3+1$，就得 $f'(z)=41z^{40}+3z^2$. 至此，读者已经会用牛顿算法为多项式求根.

例 1 从 $x_0=1$ 开始，用牛顿算法求实变量多项式 $f(x)=x^3+2x^2+10x-20$ 的根.

这时，迭代公式是

$$x_k=x_{k-1}-(x_{k-1}^3+2x_{k-1}^2+10x_{k-1}-20)/(3x_{k-1}^2+4x_{k-1}+10),$$

容易算出

$$
\begin{aligned}
x_1 &= 1.411\,764\,706, \\
x_2 &= 1.369\,336\,471. \\
x_3 &= 1.368\,808\,189, \\
x_4 &= 1.368\,808\,108, \\
&\vdots
\end{aligned}
$$

收敛得很快.

例 2 从 $z_0=\cos\frac{\pi}{41}+\mathrm{i}\sin\frac{\pi}{41}$开始，用牛顿算法求复变量多项式 $f(z)=z^{41}+z^3+1$ 的根.

这时，迭代公式是

$$z_k = z_{k-1} - (z_{k-1}^{41} + z_{k-1}^{3} + 1)/(41z_{k-1}^{40} + 3z_{k-1}^{2}).$$

这种计算本该交给机器去做的，而且复数运算又比实数麻烦，所以我们为了演示，限于利用多项式本身的特点，迭代一次试试.

因为 $z_0=\cos\frac{\pi}{41}+\mathrm{i}\sin\frac{\pi}{41}$，所以 $z_0^{41}=-1$. 利用这个特点，我们有

$$\begin{aligned} z_1 &= z_0 - (z_0^{41} + z_0^3 + 1)/(41z_0^{40} + 3z_0^2) \\ &= z_0 - z_0^3/(41z_0^{40} + 3z_0^2) \\ &= z_0 - z_0^4/(41z_0^{41} + 3z_0^3) \\ &= z_0 - z_0^4/(3z_0^3 - 41), \end{aligned}$$

再按照 $\pi/41$ 即 $4.390°$，可以得到

$$z_1 = 1.021\,9 + 0.084\,87\mathrm{i}.$$

2.2.3 难于驾驭的牛顿方法：牛顿方法什么时候“听话”？

牛顿算法有一些很明显的优点. 首先，牛顿算法的叙述比较简单，一个迭代公式就把算法基本上说清楚了. 只要你会做微分运算——这对于多项式是十分容易的，牛顿算法也就像某些不动点迭代算法一样，是一种一学就会的算法. 另外，数学家已经证明，如果你把迭代出发点 z_0 选得离多项式或函数的根 ξ 很近，并且这个根是单根的话，那么牛顿迭代一定会收敛到 ξ，并且一定收敛得很快. 在这种情形下，牛顿算法的收敛速度，比库恩算

法快得多.

牛顿算法与库恩算法还有一点不同,就是一次只能算一个根.从理论上讲,这不是致命的弱点,因为算出多项式 $f(z)$ 的一个根 ξ 以后,用 $(z-\xi)$ 除原来的多项式,得到一个阶数降 1 的多项式,再用牛顿算法求这个新的多项式的根,……,这样一次一次降阶,就可以把原多项式的全部根算出来.

但是理论情形与实际计算之间难免会有差距.理论推导中的 ξ 是多项式的准确根,但是机器算出来的,一般只是准确根的近似值.所以在实际计算时,$(z-\xi)$ 这个因式也只是一个近似因式.一次一次用近似因式除多项式,就会造成误差积累,即误差越来越大.这就使采用牛顿算法求高阶多项式全部根的计算有时候会变得不可靠.相反,库恩算法是用 n 条求根曲线去搜捉多项式的全部 n 个根,n 条曲线可以齐头并进,相互之间绝不干扰,不会造成误差积累.顺便指出,库恩算法这种 n 条求根曲线可以互不干扰地齐头并进的特性,使它很自然地可以实施为并行计算,并行计算是大大提高机器解题能力的新的计算方式.未来的第五代计算机,就十分重视并行计算的功能.

牛顿算法要计算函数值和函数的微商的值,而库恩算法完全不必计算微商,这也是二者的不同之处.所以,两种算法是各有所长.

牛顿算法最叫人头痛之处,就是有时候很不听话.的确,牛顿算法像不动点迭代方法一样,很容易学,但是计算是否成功,却是没有保证的.容易学但并不保证成功,这就令人感觉头痛.反观库恩算法,虽然有时算得慢一些,却是保险成功的算法.

请看图 2.4 的曲线所代表的一个多项式,x^* 是它的一个根.

如果从 x^* 附近开始进行牛顿迭代，的确很快收敛到 x^*. 但是如果从离 x^* 较远的地方开始进行牛顿迭代，计算或者遇上微商等于 0 就做不下去，或者摇过来晃过去和你捉迷藏就是不收敛. 请读者把图 2.4 描下来，实实在在用几何作图的牛顿方法，多做几种迭代试试.

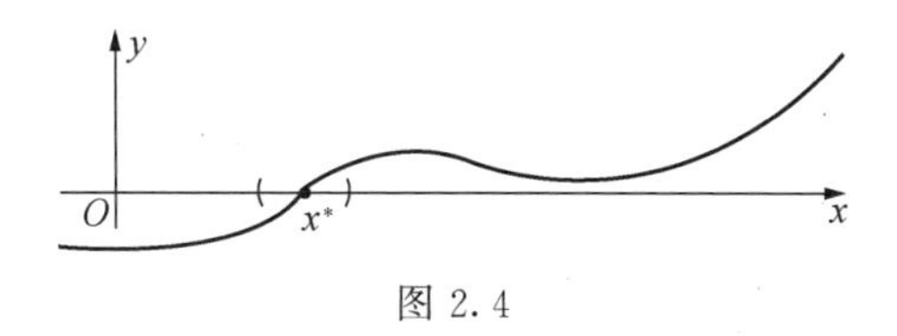

图 2.4

对于牛顿算法，数学家已经证明只要迭代出发点 z_0 充分靠近多项式的某个单根，计算就会收敛到这个根，并且收敛很快. 这么说来，在多项式的每个单根附近，有一个快速收敛区这样的"地盘"，如果牛顿迭代的出发点选在这个快速收敛区里，计算就会很快收敛到这个单根上去. 在实变量的情形，单根的快速收敛区是包含这个单根的某个开区间(参看图 2.4). 在复变量的情形，单根的快速收敛区是包含这个单根的某片开区域(参看图 2.5).

既然牛顿算法是如此豪放不羁的方法，我们有必要先把它的快速收敛区研究一番，因为快速收敛区正是使牛顿算法听话的地盘. 研究快速收敛区有若干不同的途径，下面我们只介绍斯梅尔的做法.

从对牛顿算法的初步了解我们也已知道，要使牛顿算法成功，重要的是找到一个足够好的迭代出发点 z_0. 迭代出发点也叫作迭代的初值. 什么叫作足够好的初值呢? 斯梅尔提出了良好初值的概念：如果 z_0 使得牛顿迭代

$$z_k = z_{k-1} - f(z_{k-1})/f'(z_{k-1})$$

对一切 $k=1,2,3,\cdots$ 都有意义,迭代序列 $z_0,z_1,z_2,\cdots$ 收敛到 $f(z)$ 的一个零点,并且对所有 $k=1,2,3,\cdots$ 都成立

$$|f(z_{k+1})/f(z_k)| < 1/2,$$

就称 z_0 是 $f(z)$ 的一个良好初值.用普通语言写下来,良好初值的意思就是:从这点开始的牛顿迭代可以一直做下去,收敛到函数的一个根,并且每次迭代都使函数值的绝对值衰减一半以上.我们知道,当函数值的绝对值衰减到零时,准确根就找到了,所以,当用牛顿算法为函数求根时,一旦找到一个良好初值,往后就是一马平川、坐等成功的事.

有了明确的概念,接下去就要确立到达良好初值的条件,并设计寻找良好初值的方法.

拿多项式来说,使得多项式 $f(z)$ 的微商函数 $f'(z)$ 的值为零的点,称作多项式 $f(z)$ 的临界点,这点的多项式值,称作多项式的临界值.读者已经知道 n 阶多项式 $f(z)$ 的微商函数 $f'(z)$ 是 $n-1$ 阶多项式,有 $n-1$ 个根.由此可见,n 阶多项式有 $n-1$ 个临界点(可以相重).把 n 阶多项式 $f(z)$ 的所有 $n-1$ 个临界值(可相重)的绝对值按大小排列起来,取最小的一个,记作 $\rho=\rho(f)$,我们把它叫作多项式 $f(z)$ 的表征值.

经过深入的研究,运用单复变函数论中与单叶函数理论有关的结果,斯梅尔证明了下面的定理:

定理 2.1 如果一点 z_0 的多项式值的绝对值小于多项式的表征值的 $\frac{1}{13}$,即如果

$$|f(z_0)| < \rho(f)/13,$$

z_0 就是用牛顿算法求多项式 $f(z)$ 的根的一个良好初值.

这个定理的证明比较复杂,难以在本书介绍.单复变函数,就是一个复变量的函数."单叶函数理论"则是单复变函数论方面的一项专门研究.读者也许知道单位圆内单叶函数 $\varphi(z)=z+a_2z^2+a_3z^3+\cdots$ 的系数一定满足 $|a_k|\leqslant k, k=2,3,\cdots$ 的比勃巴赫(Bieberbach)猜想,这个猜想在 1985 年被德布兰吉斯(de Branges)证实.这些都属于单叶函数理论的核心论题.围绕比勃巴赫猜想,有过一些很有趣的科学故事.当德布兰吉斯宣布他证明成功时,没有人相信他会取得这么伟大的成果.要知道,半个多世纪以来许多数学家都在啃比勃巴赫猜想.那真是蚂蚁啃骨头的工作,不但是一个个系数来研究,而且假如对于系数的估计从比如说 $1.08n$ 改进到 $1.07n$,也值得写一篇大论文.现在,德布兰吉斯这样一位曾经因为发表有错误的论文而被人瞧不大起的人居然一下子彻底证明了比勃巴赫猜想,难怪招来一阵怀疑.幸亏美国学界有学术休假和学术访问的制度,这位法裔美国数学家在美国被人冷落,就到列宁格勒寻找知音.苏联数学家们耐心地和他进行了多次讨论,终于弄清了他的思路,看懂了他的证明.消息反馈到美国,德布兰吉斯才声名大噪.

定理 2.1 给出了良好初值的一个充分条件,符合这个条件,就一定是良好初值.这个条件要能够起作用,前提是 $\rho(f)>0$.按照表征值的定义,$\rho(f)>0$ 正好是多项式没有重根的特征.所以,定理 2.1 只能用于没有重根的多项式.

设 $f(z)$是一个没有重根的 n 阶多项式,那么从复数 z 平面到复数 w 平面的变换 $w=f(z)$,在每个根附近差不多就是一个线性变换.事实上,仍记 $\xi_1,\xi_2,\cdots,\xi_n$ 为 $f(z)$的 n 个根,在 ξ_1 附近我们就有

$$f(z)=[(z-\xi_2)\cdots(z-\xi_n)](z-\xi_1)$$

$$\approx [(\xi_1-\xi_2)\cdots(\xi_1-\xi_n)](z-\xi_1),$$

最后的方括号只含一非零复常数.这样,根据中学的复数知识就知道,变换 $w=f(z)$ 把复数 z 平面 ξ_1 附近的一小片,变成复数 w 平面原点附近的一小片,几乎只做了伸缩和旋转.在其他单根 $\xi_2,\cdots,\xi_n$ 附近,也是这样.

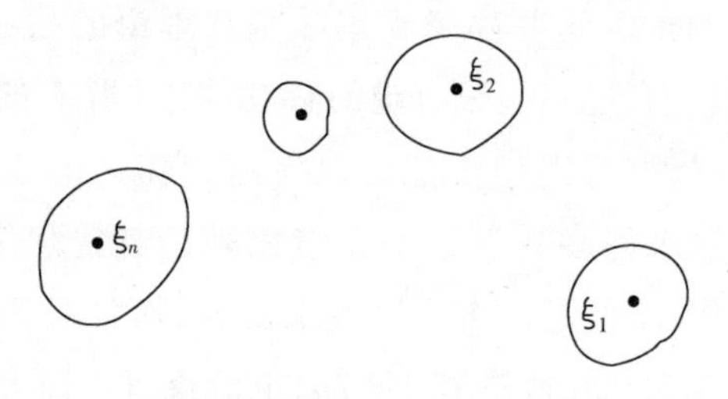

图 2.5

定理得到的充分条件是 $|f(z_0)|<\rho(f)/13$. 在 w 平面上,$|w|<\rho(f)/13$ 确定以原点为中心、$\rho(f)/13$ 为半径的开圆域.在 z 平面上,$|f(z)|<\rho(f)/13$ 确定的,就是这个圆域在变换 $w=f(z)$ 下的原像.既然该变换在单根附近是近似线性的,就知道条件 $|f(z)|<\rho(f)/13$ 确定的,是 z 平面上以 $f(z)$ 的 n 个根为"中心"的 n 个近似小圆域.由此可见,定理 2.1 的充分条件是在 z 平面上确定以多项式的根为中心的 n 个近似圆形的快速收敛区.一旦进入了这些快速收敛区,牛顿算法的收敛速度将会很快.

在定理 2.1 中,斯梅尔自己用的名称是逼近零点(approximate zero),我们在上面的介绍中,为了使本书的读者看起来通俗一些,改称为良好初值,这点需要提供给查阅文献的读者注意.

2.2.4　斯梅尔的创造:概率论定牛顿算法是多项式时间算法

骑手爱烈马,可以说明人们为什么对牛顿算法那么钟爱.要想“烈马”跑得好、跑得快,最要紧的是为它找一个好的起跑点.现在,我们考虑如何具体把良好初值找到的问题.

设想把原来牛顿迭代的步长适当缩小,变得精细一些,可望有所帮助.斯梅尔在原来的牛顿迭代公式中引进一个步长参数 h,它符合 $0<h\leqslant 1$.从复数 z 平面的一点 $z(0)$开始,归纳地定义

$$z(k)=z(k-1)-h\cdot f(z(k-1))/f'(z(k-1)),k=1,2,\cdots$$

和原来的迭代公式比较,除了 z_k 写成 $z(k)$以外,就是作为迭代修正项的第二项前面,多了一个常实数因子 h.我们把上述迭代叫作参数牛顿迭代,而把 h 叫作迭代的步长参数.很明显,当步长参数 $h=1$ 时,参数牛顿迭代就是原来的牛顿迭代.我们希望,适当选取步长参数 h,经过从初始点$z(0)$开始的若干步参数牛顿迭代,可以到达多项式的一个良好初值(参看图 2.6).这么一来,$z(0)$又是一种初值.$z(0)$选得好,可以较快到达一个良好初值,即较快进入快速收敛区.$z(0)$选得不好的话,说不定一直不能进入快速收敛区.$z(0)$的选择,是因多项式而定的.对于这个多项式是很好的 $z(0)$,对于另一个多项式则可能不好.所以,初始点$z(0)$的好坏,取决于它和具体多项式的关系.

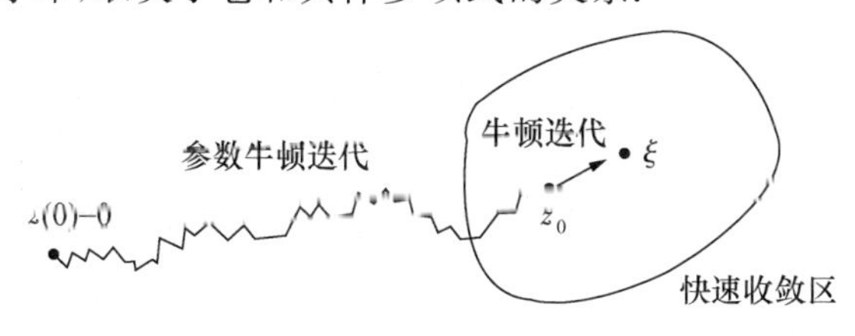

图 2.6

怎样刻画初始点 $z(0)$ 与多项式的关系的好坏呢？斯梅尔引进参数 $\mathcal{K}$，在个别次要的技术性限制之下，定义 $\mathcal{K}$ 为各个临界值与初始点多项式值之比的辐角的绝对值的最小者. 由于这个 $\mathcal{K}$ 是同时依赖于多项式 $f(z)$ 和初始点 $z(0)$ 的，我们可以写 $\mathcal{K}=\mathcal{K}(f,z(0))$. 如果 $\rho(f)$ 和 $\mathcal{K}(f,z(0))$ 都大于 0，初始点 $z(0)$ 对于多项式 $f(z)$ 来说就算不错. 事实上，斯梅尔在引进又一个参数 $\xi=\xi(f,z(0))=13|f(z(0))|/\rho(f)$ 之后，证明了下述定理：

定理 2.2 若多项式 $f(z)$ 和初始点 $z(0)$ 的关系符合 $\rho(f)>0$ 和 $\mathcal{K}(f,z(0))>0$ 的条件，则取

$$h=\frac{\sin(\mathcal{K}/2)}{4[3\sin(\mathcal{K}/2)+\log\zeta]},$$

就可保证从 $z(0)$ 开始的以 h 为步长参数的参数牛顿迭代都有意义，并且顶多经过

$$s=4[3+\log\zeta/\sin(\mathcal{K}/2)]^2$$

步参数牛顿迭代，就一定可以到达多项式 $f(z)$ 的一个逼近零点.

这个定理的证明也比较复杂，难以在本书叙述. 不过可以指出，在定理 2.1 的基础上证明定理 2.2，并不像定理 2.1 那样需要用到单叶函数理论那样深奥的理论，而是有相当篇幅的关于复数的模和辐角的关系的细致推导. 如果说定理 2.1 的证明体现一个难字，那么定理 2.2 的证明则突出一个繁字. 从文献上跟着斯梅尔左转右拐走过长长的路看懂这个证明并不容易，更可想象当年研究出这个定理时的困难. 科学研究不仅要求广博的知识，而且需要艰苦的努力.

但是，广博的知识加艰苦的努力并不等于成功. 只有在创造性思维的驾驭之下，广博的知识才会有用武之地，艰苦的努力才能结晶出丰硕的果实. 最后得到的定理 2.3，充分体现了斯梅尔

的创造思维.

面对一个业已确定的多项式,可以讨论某个初始点选得好还是不好,这就是前面介绍的内容.按照这样的思路,本可以这样来讨论牛顿算法的计算复杂性:首先,对任一确定的多项式,判别 z 平面上哪些点可以作为好的初始点,计算好的初始点的集合与全平面的面积比(如果这样做,“面积比”当然要做一些限制);第二步,把对所有多项式得到的面积比进行适当的平均.这样得到的平均值,就是参数牛顿迭代成功的概率.

上述想法,可以说是解决问题的一个方案,但是,这个方案行得通行不通,它会引导我们达到什么目标,值得思考一番.首先看方案的可行性:先给定多项式来判别每个点是不是好的初始点,点这头是无限的;再对所有多项式做平均,多项式这头是无限的.两头都无限,恐怕很难把握.再想远一点,即使千辛万苦做下去,并且成功了,也只是平均来说参数牛顿迭代成功的概率是多少这样一个结论,不解决多项式求根需要做多少次迭代这样的计算复杂性问题.

搞科学研究,不仅要埋头拉车,尤其须抬头看路.正确的决断,往往是成功的一半.原来的思路行不通,就应该换一个角度看看.前面已说清楚,面对一个已确定的多项式,可以讨论某个初始点选得好还是不好;反过来,面对一个已确定的初始点,可以讨论某个多项式与这个给定的初始点匹配得好还是不好.斯梅尔取定 $z(0)=0$,即以不变应万变,总是取原点为参数牛顿迭代的初始点,讨论每个多项式与这个固定的初始点匹配得好不好.前一章讲过,我们只要讨论首 多项式

$$f(z)=z^n+a_{n-1}z^{n-1}+\cdots+a_1z+a_0$$

就够了,一个上述形式的首一多项式,被 n 个复数 $a_0,a_1,\cdots,a_{n-1}$

完全确定，反过来也一样.所以我们可以把由所有 n 阶首一多项式组成的空间(读者亦暂可理解为集合)，与复 n 维空间等同看待，称为 n 阶复系数多项式空间.例如，复 3 维空间中的点

$$(5-7.1\mathrm{i}, -3+\sqrt{2}\mathrm{i}, \pi-0.12\mathrm{i})$$

可以代表 3 阶复系数多项式

$$z^3+(5-7.1\mathrm{i})z^2+(-3+\sqrt{2}\mathrm{i})z+(\pi-0.12\mathrm{i}),$$

而 3 阶复系数多项式

$$z^3+(-0.2-3.4\mathrm{i})z^2+(6.2-1\,990\mathrm{i})z+(\sqrt{7}+\sqrt{5}\mathrm{i})$$

也可以用复 3 维空间中的点

$$(-0.2-3.4\mathrm{i}, 6.2-1\,990\mathrm{i}, \sqrt{7}+\sqrt{5}\mathrm{i})$$

来表示.在这样处理以后，利用代数几何和积分几何的知识，斯梅尔试图给对于 $z(0)=0$ 这个固定的初始点来说是坏的和较坏的多项式在整个多项式空间中所占的体积做一个估计.

高维空间的体积是怎么回事？实数轴是实 1 维空间，我们熟悉实数轴上的长度概念；实数 x-y 平面是实 2 维空间，我们熟悉平面上的面积概念；实数 x-y-z 空间是实 3 维空间，我们熟悉空间中的体积概念.从 1 维、2 维、3 维推广到实 n 维空间，就建立了实 n 维体积的概念.由于一个复数“等于”两个实数，即 $z=x+\mathrm{i}y$这样一个复数可视同为(x, y)这样一对实数，所以复 n 维空间可视同为实 $2n$ 维空间.

整个空间的体积是无穷的，无穷量之间的比把握起来不易.但在 n 阶复系数多项式空间 $\mathscr{P}$ 中，由$|a_{n-1}|<r, |a_{n-2}|<r, \cdots, |a_1|<r, |a_0|<r$ 所确定的复 n 维圆柱 $P(r)$的体积则是$(\pi r^2)^n$这样一个有限数，容易把握得多.这个复 n 维圆柱就是所有系数的绝对值都小于r 的n 阶复系数首一多项式的集合.

对于固定的参数牛顿迭代的初始点 $z(0)=0$，把与这个初始点匹配得非常不好（根本不收敛）和匹配得比较不好（收敛得太慢）的多项式从这个复 n 维圆柱中刨去．比较不好的多项式挖去越多，剩下的多项式与初始点 $z(0)=0$ 匹配得就越好．也就是说，从 $z(0)=0$ 开始的参数的牛顿迭代可以很快地进入这种多项式的快速收敛区，即很快找到原型牛顿迭代的良好初值．

若挖去部分的体积与复 n 维圆柱 $P(r)$ 的体积之比为 μ，$0<\mu<1$，那么如果对剩下来的所有多项式得到一个一致的结论 $\mathscr{A}$，我们也可以说结论 $\mathscr{A}$ 对任一 n 阶复系数多项式成立的概率至少是 $1-\mu$．设想从全班 50 个学生中挑选了 4 个人，并发现剩下的 46 个同学的英文考试成绩都在 70 分以上，当然可以说该班任一同学"英文考试成绩在 70 分以上"这一结论成立的概率至少是 $1-4/50=92\%$．所以，上述"结论 $\mathscr{A}$ 成立的概率至少是 $1-\mu$"的说法，自然并且合理．

正是这样的思路，引导斯梅尔得到他的下述主要定理：

定理 2.3　给定 n 和 $0<\mu<1$．取换算参数 $\sigma=(\mu/150)^{3/2}/(n+2)^2$，则对复 n 维圆柱 $P(r)$ 中的多项式 $f(z)$，以下事实成立的概率至少是 $1-\mu$：只要适当选取步长参数 h，就可以保证从 $z(0)=0$ 开始的参数牛顿迭代在

$$s=4\left[3+\frac{8r\log(15/\sigma)}{\sigma^2}\right]^2$$

步之内到达 $f(z)$ 的一个逼近零点．

定理的意义在于，对于在前面提出的统一从 $z(0)=0$ 出发仅靠调节步长参数 h 来利用参数牛顿迭代找良好初值的方案，证实这个方案在 s 步内成功的概率至少是 $1-\mu$．

前已说明，这个定理的证明要用到代数几何和积分几何的

知识，不能在本书细述. 但我们应当琢磨一下定理的文字. 既然 $1-\mu$ 是结论成立的概率，那么 μ 就是允许结论失败的概率. 迭代步数 s 的表达式说明，μ 越小，σ 就越小(远远小于 1)，而 s 也就越大. 这是很自然的：你要我得出一个至少对 40%多项式成立的结论，我算出要迭代 1 000 次；你要我得到一个至少对 70%多项式成立的结论，我算出要迭代 10 000 次. 反过来就是说，1 000 次迭代就找到良好初值的要求较高，我只能保证 40%的多项式能够成立；10 000 次迭代才找到良好初值的要求就比较低，我可以保证 70%的多项式能够成功.

定理中所需迭代步数 s 的表达式比较复杂，须先由 μ 和 n 得到 σ，再由 r 和 σ 算出 s，而且其中有对数关系. 对于$r=1$的情形作耐心的换算，可以得出 $s\leqslant[100(n+2)]^9/\mu^7$ 的不等式. 原来定理中用等号，保证在多少步内到达良好初值. 这个步数当然是上限，所以当时就可以改用“$\leqslant$”不等号. 现在在换算中做了放大，用“$\leqslant$”更自然. 因此，上述 $r=1$ 的换算，可以叙述为下面的推论：

推论 给定自然数 n 和实数 $0<\mu<1$. 对于系数 $a_{n-1},\cdots,a_1,a_0$ 的绝对值都不超过 1 的 n 阶首一多项式

$$f(z)=z^n+a_{n-1}z^{n-1}+\cdots+a_1z+a_0,$$

只要步长参数选取适当，从 $z(0)=0$ 这个统一的初始点开始的参数牛顿迭代，可以在 $s=[100(n+2)]^9/\mu^7$ 步内进入多项式的快速收敛区的概率，至少是 $1-\mu$.

不论是原型的牛顿迭代还是参数牛顿迭代，每做一次迭代都要计算一次 $f(z)$的值和一次 $f'(z)$的值，其中 $f'(z)$是比$f(z)$低一阶的多项式. 笼而统之，我们可以说一次牛顿迭代相当于两次多项式计值. 因此，如果你认为有必要，可以将定理 2.3 和推

论中的迭代步数 s 乘 2，变成多项式计值次数．现在，$[100(n+2)]^9/\mu^7$ 或它的 2 倍数的分子部分似已告诉我们，用参数牛顿迭代找良好初值所需要的迭代步数或多项式计值次数，是多项式阶数 n 的多项式增长函数．从分子的表达式看，这个数算出来一般都很大，而找到良好初值以后再用原型的牛顿算法计算，就很快收敛到多项式的根（参看图 2.6）．后面快速收敛的工作量与前面艰苦搜索良好初值的工作量相比，是微不足道的．由于这个道理，我们可以把定理 2.3 或推论中的式子，看作求根所需要的多项式计值总次数（你可以乘 2，不再赘述），不再只看作寻求良好初值的工作量．按照这样的理解，$[100(n+2)]^9/\mu^7$ 的分子部分着实在暗示，牛顿算法是多项式时间算法．

对比多项式时间算法的概念，现在的结果多了分母 μ^7．这个 μ 的出现，是数值计算复杂性理论的一个里程碑．

2.2.5　非凡的进步：从最坏情形分析到概率情形分析

本来，在数值计算的复杂性讨论的初期，只有当计算保证是收敛的时候，才能讨论一种算法的计算复杂性，特别是弄清楚它是多项式时间算法还是指数时间算法．现在，对于计算有时根本不收敛的牛顿算法，斯梅尔却要讨论它的计算复杂性，这是一项巨大的挑战，它给计算复杂性理论带来一场深刻的富有成果的革命．

这一变革的标志，就是 μ 项的引入．

传统上，数学总是关注最坏情形．一个命题是否成立，就要看它是否对一切情形都成立．如果所有情形可以按照是否有利于得出命题的结论而区分出好坏及好坏的程度，那么只有当在最坏的情形时结论也成立，才能肯定命题为真；相反只要在最坏的情形时结论不能成立,就能论定命题不真. 这就是数学上所讲的普遍性(generality)的含义.

近年来,数学开始关注“几乎肯定要发生”的事情.“几乎肯定要发生”是什么意思? 请看一个简单的例子:拿一把刀朝实数轴砍去,几乎肯定要砍到无理数上. 为什么这样说? 请看下面的论证.

假定有一条长度为 1 的线段,当中有长度为 μ 的一小段涂了红颜色. 当然,$0<\mu<1$. 现在你闭起眼睛朝这个线段砍去,请问在砍中线段的条件下,你砍中红色小段的概率是多少? 很自然,这个概率是 μ.

现在请问当你向$[0,1]$线段砍去的时候,砍中有理数的概率是多少? 设这个概率是 μ,我们要论证 $\mu=0$. 大家知道,有理数是可数的,即可以编号为 $t_1,t_2,t_3,\cdots$. 如果用长度为 $\sigma\cdot 2^{-k}$ 的区间把 t_k 这个有理数盖住,那么盖住所有有理数的这无穷多个小区间的总长度为

$$
\begin{aligned}
&\sigma/2+\sigma/2^2+\sigma/2^3+\cdots\\
=&\sigma(1/2+1/2^2+1/2^3+\cdots)\\
=&\sigma(1/2)/(1-1/2)\\
=&\sigma.
\end{aligned}
$$

注意括号内的数列是等比数列. 由此可见,$\mu<\sigma$. 这是因为那总长度为 σ 的无穷多个小区间已经把有理数全部盖住了,而砍中有理数的前提是砍中小区间.

注意上面的 σ 可以是任意正数. 如取 $\sigma=10^{-1}$,说明 $\mu<10^{-1}$;如取 $\sigma=10^{-5}$,说明 $\mu<10^{-5}$,…. 但 μ 是一个固定的非负实数,它既然比任一正数都小,就必定是 0. 所以砍中有理数的概率为 0. 因此我们说,砍中有理数是零概率事件.

不是有理数的实数,就是无理数.当你向[0,1]线段砍去时,砍不到有理数,就一定砍上了无理数.所以,砍上无理数的概率为1.

把[0,1]线段一段段接起来,就得到实数轴.由于可数个可数集合在一起仍是可数集,所以在实数轴上砍中有理数的概率仍然为0,而砍中无理数的概率就是1.数学上,把发生一种事件的概率为1的事件,叫作概率1事件,或者全概率事件.

由此可见,发生的可能性(概率)为百分之百的事件,有可能不发生;发生的可能性为0的事件,却仍有可能发生.有人把这种认识表达为一个通俗的说法:0不等于无.这个说法是准确的.同样,百分之百也不等于全体.

如果一个集合中的元素具有某种性质的概率是1,我们就说集合中几乎所有元素都具有那种性质.例如,我们可以说几乎每个实数都是无理数.一个集合中几乎所有元素都具有某种性质,这就是近代数学上所讲的通有性(genericity)的含义.

从只承认普遍性质到也研究通有性质,现代数学取得了有声有色的进展,若干突破接踵而至.这种情况,似未在我国的数学教育中得到应有的反映.20世纪80年代科学出版社出版的《英汉数学词汇》仍未留意区分general和generic,使人感觉困惑.简而言之,普遍性质是所有对象都具有的性质,而通有性质是百分之百的对象所具有但未必是所有对象都具有的性质.

现在,更进一步开始了概率性质的研究,不仅只研究全概率和零概率这两个极端,而且研究从0到1的中间概率.就数值计算的复杂性讨论而言,如果一种算法算得很好的概率是90%,剩下的10%之中有时算得不很好,有时算得很不好,要是拘泥于通有性的100%,就只能割爱不顾,把它归入不能得出好的结果的算法之中.这不仅在理论上十分可惜,而且对于指导实践也是很大的损失.具体地说,牛顿算法以及线性规划问题的单纯形算法,都是在实际计算中很受欢迎的算法.但是,这些算法表现出好的行为的概率都不是1.只有当计算复杂性理论开展了概率情形分析以后,人们才算对这些在实际计算中行之有效且大受欢迎的算法,有了一个科学的、合理的视角,不因它们有时是指数时间算法或甚至不收敛而简单地在计算复杂性理论中否定它们.反过来,倘若理论按照其标准判决一些经常十分有效的方法为不合标准的方法,把它们打入另册,那么标准的本身就令人怀疑,理论也就站不住脚.

这就是斯梅尔引进 μ 项,把计算复杂性理论推进到可以进行概率情形分析的意义.

斯梅尔说,它是在动力系统的框架内研究算法及其计算复杂性问题的.这很值得玩味.

粗略地说,动力系统(dynamical systems)理论是关于微分流形上向量场的流的理论,欧氏空间是最简单的微分流形.给定一个向量场,就是给定一组微分方程.向量场的流,就是微分方程的积分轨线.如果不是进行连续观察,而是对流进行离散采样,就得到离散的动力系统.我们可以用下面的比喻,说明连续轨线和离散采样的关系:萤火虫的飞行轨迹是连续的,但是当萤火虫在黑暗之中飞行时,只有当萤火虫一闪一闪发光时才能观察到它的位置.我们所做的观察,就是对萤火虫的飞行轨迹进行离散采样.

如果对多项式 $f(z)$ 进行牛顿迭代,那么迭代公式 $z_{k+1}=\varphi(z_k)$,$k=0,1,2,\cdots$ 就是一个分子分母都是多项式的所谓有理函数.给定 $f(z)$,也就给定了有理的迭代函数 $\varphi(z)$.以平面上任

一点为 z_0，只要避开使迭代函数的分母 $f'(z)$ 为 0 的顶多 $n-1$ 个点，都可以 $z_0, z_1, z_2, \cdots$ 这样一直迭代下去. 所以，牛顿迭代用到每个具体的多项式上，都确定复数 z 平面上的一个离散动力系统.

这时我们进一步设想，在复数 z 平面上随机地选取点作为初值来进行牛顿迭代. 如果从某点开始的迭代收敛，就在这个点处打一个黑点；如果从某点开始的迭代不收敛，就不打黑点. 这样一点一点进行试验，就会得到白纸黑点的一个图形. 用计算机判别迭代是否收敛，只能是设定一个迭代次数，如果迭代了这么多次还看不出收敛，就判为不收敛. 所以，上面所说的黑点都位于牛顿迭代的快速收敛区（不一定是斯梅尔在定理 2.1 中所确定的那种快速收敛区）. 再设想按照收敛速度的不同层次划分，这些快速收敛区本身的构造如何？扩张的方式如何？当采用参数的牛顿迭代时，步长参数的变化对收敛速度的影响如何？对收敛区的构造的影响如何？凡此种种，都可以说是动力系统方式的设想，这些设想的准确刻画和深入讨论，仍然是有待研究的问题.

§2.3　库恩算法的计算复杂性

1981 年的《美国数学会通报》(*Bull. AMS*)上，发表了伯克利加州大学斯梅尔教授的论文《代数基本定理与计算复杂性理论》，讨论用牛顿方法计算多项式零点的计算复杂性问题. 前面说过，斯梅尔的结果可以有条件地简述为：用牛顿方法为任一 n 阶复系数多项式找到一个零点的成本（以牛顿迭代次数衡量），随着多项式阶数 n 的增长而增长的速率不超过 n^9/μ^7，这里 μ 是允许论断失败的概率，$0<\mu<1$

1983 年 4 月，本书作者应斯梅尔教授的邀请，在伯克利加州大学报告了下述结果：用库恩方法算出任一 n 阶复系数多项式一个零点的成本(以多项式计值次数衡量),随着多项式阶数n的增长而增长的速度不超过$n^2\log(n/\varepsilon)$,这里$\varepsilon>0$是零点数值计算的精度要求.

下面我们就两种多项式求根算法作一番比较.

2.3.1 库恩多项式零点算法的计算复杂性

库恩多项式零点算法,只有几十年的历史.前面已经有了详细的介绍,现在我们只作简单的复述.算法的叙述,由以下三部分组成:

(1)半空间$C\times[-1,+\infty)$的一种单纯剖分

记C为复平面,$C_k=C\times\{k\}$,$k=-1,0,1,2,\cdots$.记$z=x+\mathrm{i}y$,而$\mathbf{Z}$为整数集.用四族平行直线

$$\{z\in C:x=p,p\in\mathbf{Z}\},$$
$$\{z\in C:y=p,p\in\mathbf{Z}\}$$

和$\{z\in C:y=(2p+1)\pm x,p\in\mathbf{Z}\}$分割$C_{-1}$平面,而对$k=0,1,2,\cdots$,用四族平行直线

$$\{z\in C:x=2^{-k}p,p\in\mathbf{Z}\},$$
$$\{z\in C:y=2^{-k}p,p\in\mathbf{Z}\}$$

和$\{z\in C:y=2^{1-k}p\pm x,p\in\mathbf{Z}\}$分割$C_k$平面.在这个基础上,将每两层平面之间的空间分割成一个个四面体.

C_{-1}的方格和C_0的方格上下相对,它们所界定的方块被分成5个四面体.对于$k=0,1,2,\cdots$,C_k的一个方格和C_{k+1}的4个方格上下相对,它们所界定的方块被分成14个四面体.这些方块将称为基本方体.

(2)整数标号法

对于$k=0,1,2,\cdots$,C_k上的格点z的整数标号$l(z)$由

$$l(z)=\begin{cases}1, & 若\ f(z)=0\ 或 -\dfrac{\pi}{3}\leqslant \arg f(z)\leqslant\dfrac{\pi}{3}.\\ 2, & 若\dfrac{\pi}{3}<\arg f(z)\leqslant\pi,\\ 3, & 若 -\pi<\arg f(z)<-\pi/3\end{cases}$$

确定,这里,非0复数幅角取值范围规定为$(-\pi,\pi]$.对于C_{-1}上的格点,用z^n代替$f(z)$按上式标号.

(3)同标号顶替算法

取m为不小于$3(1+\sqrt{2})n/4\pi$的最小整数.在C_{-1}平面上以原点为中心的边长$2m$的方块Q_n的边∂Q上,按照逆时针方向,正好有n条棱其端点标号由1到2.从这n条(1,2)棱出发,向方块Q_n里面走,按照遇到(1,2)棱就穿过去的规则,可以找到n个顶点标号为(1,2,3)的完全标号三角形.

从C_{-1}上这n个完全标号三角形出发,计算同处于一个四面体的第四个顶点的标号,算出是什么标号,就用它顶替同标号的那个顶点.这样计算下去,就可以找到多项式$f(z)$的全部n个零点.

如果说库恩算法的叙述不像牛顿方法那么简单,它的使用却方便得多.不管需要计算零点的首一多项式是怎样的,只要把多项式的阶数n和复系数组$a_0,a_1,\cdots,a_{n-1}$以及零点计算的精度要求ε输入机器,算法就可以按照精度要求把多项式的n个零点逐一算出来.

2.3.2 积木结构的成本估计

算法效率的讨论,不是事后的计算成本核算,而是在算题之前,预先估计计算成本是多少.

牛顿方法的效率,用所需的牛顿迭代的次数来衡量.库恩算法的效率,可以用所需的同标号顶替的次数衡量.每次顶替,算一次 $f(z)$.因此,也可以说是用多项式 $f(z)$计值次数为尺度,讨论库恩算法的效率.这里要注意,每次牛顿迭代,包含 $f(z)$和 $f'(z)$两个多项式计值.

从∂Q的(1,2)棱开始的库恩算法计算,在方块 Q_n 内平面搜索到完全标号三角形后,就向"空中"发展,在四面体中穿行,每穿过一个四面体,就要计一次 $f(z)$,做一次同标号顶替.我们知道,每个四面体只允许计算路径通过一次.所以,计算的进行,可以看作四面体的不断堆砌(图 2.7).如果是成本核算,那么只要数一下这 n 座四面体塔由多少四面体组成.但是现在要做的是

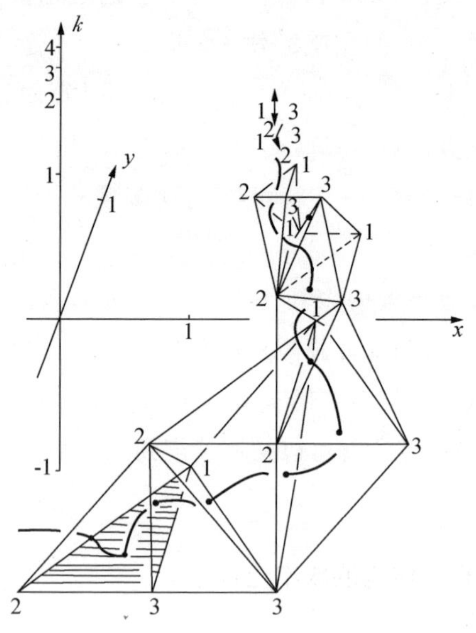

图 2.7 计算一个零点的四面体塔

成本估计，那么可以先把计算可能走到的范围确定下来，然后数一下在这个范围之内，四面体的数目. 这是成本讨论的指导思想.

按照上述思想，库恩证明了：

引理 2.1　记 $a=\max\{|a_0|,|a_1|,\cdots,|a_{n-1}|\}$，记 $r=\max\{3\sqrt{2}(2+\pi)n/4\pi,1+na/(n-1)\}$，再令 $R=r+\sqrt{2}$，那么完全标号三角形和原点轴 $\{0\}\times[-1,+\infty)$ 的距离都小于 R.

按照上述思想，我们证明了：

引理 2.2　$k\geqslant 0$ 时，C_k 平面上完全标号三角形任一顶点与多项式某个零点的距离不超过 $\sqrt{2}(1+3n/4)/2^k$.

因为计算经过的四面体都由两个完全标号三角形张成，所以依照上述两个引理，计算可能经过的四面体，全在一个半径为 R 的底座圆台和 n 座圆台阶梯（可以相重）之内，每一节圆台阶梯的半径是 $\sqrt{2}(1+3n/4)/2^k$. n 座四面体塔都在这个由一个底座圆台和 n 座圆台阶梯所组成的算法的可能区域内（图 2.8）.

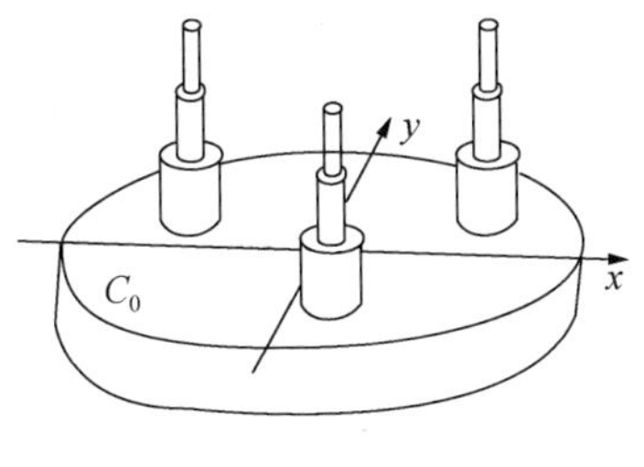

图 2.8　算法的可能区域

做到现在，剩下只须把算法可能区域中的四面体（不管计算是否经过）的数目算出来就可以了.

底座圆台的体积是 πR^2，顶多包含 πR^2 个 C_{-1} 和 C_0 之间的基本方体，而每个基本方体被分割成 5 个四面体，所以底座圆台所包含的四面体的数目不超过 $5\pi R^2$.

在 C_k 和 C_{k+1} 之间的一节阶梯圆台的体积是 $\pi[\sqrt{2}(1+$

$3n/4)2^{-k}]^2$,相应层次的基本方体的体积是 2^{-2k},而每个方体被分割成 14 个四面体,所以每节圆台包含的四面体的数目是 $14\pi[\sqrt{2}(1+3n/4)2^{-k}]^2/2^{-2k}=28\pi(1+3n/4)^2$. 这里 k 消失了,是因为阶梯圆台越小,基本方体和四面体也越小,比例完全一样.

ε 是零点计算的精度要求,那么按照引理 2.2,记 $K=\lceil\log_2(\sqrt{2}(1+3n/4)/\varepsilon)\rceil$为不小于 $\log_2(\sqrt{2}(1+3n/4)/\varepsilon$ 的最小整数,知道圆台阶梯在平面 C_k 截断即可. 这时算得的完全标号三角形的任一顶点与多项式的零点的距离在

$$\sqrt{2}(1+3n/4)/[\sqrt{2}(1+3n/4)/\varepsilon]=\varepsilon$$

之内,已经达到精度要求. 这样,n 座高为 K 的圆台阶梯所包含的四面体的数目不超过

$$n28\pi(1+3n/4)^2\lceil\log_2(\sqrt{2}(1+3n/4)/\varepsilon)\rceil$$

总结以上,我们得到:

定理 2.4 用库恩算法按精度要求 ε 算出 n 阶首一多项式 $f(z)$全部 n 个零点所需要的多项式 $f(z)$计值次数不超过

$$\pi[5R^2+28n(1+3n/4)^2\lceil\log_2(\sqrt{2}(1+3n/4)/\varepsilon)\rceil].$$

如果问算出一个零点的平均成本,那么上式应当除以 n. 当 $R=1$ 即 $|a_0|,|a_1|,\cdots,|a_{n-1}|$ 都不超过 1 时,上式可以换算成 $63(n+1)^2\lceil\log_2(n/\varepsilon)\rceil$. 这就是本节开头说的 $n^2\log(n/\varepsilon)$.

2.3.3 引理的初等证明

引理 2.1、引理 2.2 的证明极其初等,值得向非专门家介绍. 首先,注意复数的幅角关系,画图就可证明:

命题 2.1 规定复数幅角取值范围为$(-\pi,\pi]$. 那么,若复数

w 符合 $|w|<1$,就必有 $|\arg(1+w)|\leqslant(\pi/2)|w|$.

引理 2.1 的证明　因为三角形棱长不超过$\sqrt{2}$,所以有一顶点与原点距离超过 R 的三角形,三顶点与原点的距离都要超过 r. 下面只须证明这样的三角形不是完全标号三角形. 我们不必讨论 $n=1$ 的平凡情形.

顶点均可表示成(z,k),k 是不小于-1 的整数. 设(z_1,k_1),(z_2,k_2)是上述三角形的两个顶点. 若 $k_1,k_2>-1$,两点都由 $w=f(z)$计算标号. 改写

$$
\begin{aligned}
f(z) &= z^n\left(1+\frac{a_{n-1}}{z}+\cdots+\frac{a_1}{z^{n-1}}+\frac{a_0}{z^n}\right) \\
&= z^n(1+g(z)).
\end{aligned}
$$

因为$|z_1|>r$,$|z_2|>r$,就有

$$
\begin{aligned}
|g(z_2)| &\leqslant |a_{n-1}|/r+\cdots+|a_1|/r^{n-1}+|a_0|/r^n \\
&\leqslant a(1/r+\cdots+1/r^{n-1}+1/r^n) \\
&< a/(r-1)\leqslant(n-1)/n,
\end{aligned}
$$

$$
\begin{aligned}
|g(z_1)-g(z_2)| &\leqslant |a_{n-1}|\,|1/z_1-1/z_2|+\cdots+|a_0|\,|1/z_1^n-1/z_2^n| \\
&\leqslant a|z_1-z_2|(1/r^2+2/r^3+\cdots+n/r^{n+1}) \\
&< \sqrt{2}a/(r-1)^2 \\
&\leqslant \sqrt{2}(n-1)/n(r-1) \\
&\leqslant \sqrt{2}(n-1)4\pi/3n\sqrt{2}(2+\pi)(n-1) \\
&= 4\pi/3(2+\pi)n.
\end{aligned}
$$

$$
\left|\frac{g(z_1)-g(z_2)}{1+g(z_2)}\right|\leqslant\frac{4\pi}{3(2+\pi)n}\bigg/\left(1-\frac{n-1}{n}\right)=\frac{4\pi}{3(2+\pi)}<1.
$$

于是,记 $w_1=f(z_1)$,$w_2=f(z_2)$,由命题得

$$
\left|\arg\frac{w_1}{w_2}\right| = \left|\arg\frac{f(z_1)}{f(z_2)}\right|
$$

$$
\begin{aligned}
&= \left|\arg \frac{z_1^n(1+g(z_1))}{z_2^n(1+g(z_2))}\right| \\
&\leqslant \left|\arg \frac{z_1^n}{z_2^n}\right| + \left|\arg\left(1+\frac{g(z_1)-g(z_2)}{1+g(z_2)}\right)\right| \\
&\leqslant n\left|\arg \frac{z_1}{z_2}\right| + \frac{\pi}{2}\left|\frac{g(z_1)-g(z_2)}{1+g(z_2)}\right| \\
&\leqslant \frac{n\sqrt{2}}{3\sqrt{2}(2+\pi)n/4\pi} + \frac{\pi}{2}\cdot\frac{4\pi}{3(2+\pi)} = \frac{2\pi}{3}.
\end{aligned}
$$

当 k_1 和 k_2 有一个或两个都是 -1 时,更容易得 $|\arg(w_1/w_2)|<2\pi/3$,这是因为可以用 $w=2^n$ 代替 $w=f(z)$.

既然三顶点在 w 平面的像,两两之间对原点的张角小于 $2\pi/3$,那么依标号法,三角形不是完全标号三角形.

引理 2.2 的证明 因为 C_k 平面上三角形任两顶点的距离不超过 $\sqrt{2}/2^k$,我们只须证明完全标号三角形必有一顶点与多项式某零点的距离不超过 $3n\delta/4$,这里 δ 就是等腰直角三角形的斜边长,$\delta=\sqrt{2}/2^k$.

亦只讨论 $n>1$ 的情形. 改写

$$
f(z) = (z-\xi_1)\cdot(z-\xi_2)\cdots(z-\xi_n),
$$

这里 $\xi_1,\xi_2,\cdots,\xi_n$ 是由代数基本定理保证的 n 个零点.

设 C_k 平面上某三角形 $\{z_1,z_2,z_3\}$ 三顶点与多项式所有零点的距离都大于 $3n\pi/4$,那么对 $j=1,2,\cdots,n$,有

$$
\left|\frac{z_2-z_1}{z_1-\xi_j}\right| < \frac{\delta}{3n\pi/4} = \frac{4}{3n} < 1.
$$

于是按照前述命题,记 $w_i=f(z_i)$,$i=1,2,3$,就有

$$
\left|\arg \frac{w_2}{w_1}\right| = \left|\arg \frac{f(z_2)}{f(z_1)}\right|
$$

$$
\begin{aligned}
&= \left|\arg \frac{(z_2-\xi_1)\cdots(z_2-\xi_n)}{(z_1-\xi_1)\cdots(z_1-\xi_n)}\right| \\
&\leqslant \left|\arg \frac{z_2-\xi_1}{z_1-\xi_1}\right| + \cdots + \left|\arg \frac{z_2-\xi_n}{z_1-\xi_n}\right| \\
&= \left|\arg\left(1+\frac{z_2-z_1}{z_1-\xi_1}\right)\right| + \cdots + \left|\arg\left(1+\frac{z_2-z_1}{z_1-\xi_n}\right)\right| \\
&\leqslant \frac{\pi}{2}\left|\frac{z_2-z_1}{z_1-\xi_1}\right| + \cdots + \frac{\pi}{2}\left|\frac{z_2-z_1}{z_1-\xi_n}\right| \\
&< n \cdot \frac{\pi}{2} \cdot \frac{4}{3n} = \frac{2}{3}\pi.
\end{aligned}
$$

同样$|\arg(f(z_3)/f(z_2))|<2\pi/3$，$|\arg(f(z_1)/f(z_3))|<2\pi/3$. 可见，$f(z_1)$，$f(z_2)$，$f(z_3)$在 w 平面上两两对原点的张角都小于 $2\pi/3$，所以$\{z_1,z_2,z_3\}$不可能是完全标号三角形.

2.3.4　算法之比较和配合

现在，我们试比较一下库恩算法的成本估计和斯梅尔关于牛顿算法的成本估计.

两种算法对付的都是多项式求根的问题，对于任一所有系数的绝对值均不超过 1 的 n 阶多项式，采用库恩算法，按照误差不超过 ε 的要求算出多项式的全部 n 个根所需要的多项式计值次数，不超过 $100n^3\log_2(n/\varepsilon)$. 这样，算出一个根所需要的多项式计值次数平均不超过 $100n^2\log_2(n/\varepsilon)$.

斯梅尔关于牛顿方法的成本估计的推论则说：对于任一所有系数的绝对值均不超过 1 的 n 阶多项式，以下事实成立的概率至少是 $1-\mu$，只要适当选取步长参数 h，就可以保证从 $z(0)=0$ 这个统一的初始点开始的参数牛顿迭代在$[100(n+2)]^9/\mu^7$ 步内为多项式求根的牛顿算法找到一个良好初值.

$100n^2\log_2(n/\varepsilon)$次多项式计值对$[100(n+2)]^9/\mu^7$次牛顿迭代,已经提供了一个很好的比较,特别是从估计式中可以清楚地看出成本估计随多项式阶数 n 增长而增长的速率,它们都是多项式时间算法.

略显不足的是参数不完全一致,估计库恩算法的成本用 n 和ε,而估计牛顿算法的成本用 n 和 μ. 要使参数完全一致,无非两种途径. 一是让牛顿迁就库恩,用参数牛顿迭代找到一个良好初值以后,再把达到精度要求 ε 所需要的那部分成本加上去. 这样做,牛顿成本势必增加,而遇上按牛顿方法看来是坏的多项式,沿斯梅尔设计的路线将永远到达不了快速收敛区,进一步的迭代更无从谈起,所以这一途径较难进行.

另一种途径就是让库恩迁就牛顿. 这是我们应当做的,何况库恩算法比牛顿算法晚了差不多 300 年.

这样,就要考虑用库恩算法为多项式寻求牛顿算法的良好初值的问题. 本来,良好初值这个概念对于在任何情况下总会成功的库恩算法来说完全是多余的,但为了在成本估计之间做一个参数完全一样的无懈可击的比较,我们用库恩算法来解决进入牛顿算法所要求的快速收敛区的问题.

这样做当然有所损失. 例如,牛顿算法所冀求的快速收敛区只能对没有重根的多项式建立. 对于有重根的多项式 $f(z)$,其表征值 $\rho(f)=0$,这时斯梅尔按$|f(z_0)|<\rho(f)/13$ 确定的快速收敛区根本不存在. 所以,尽管用库恩算法可以任意接近每一个根,却因为根本没有快速收敛区而被判为未进入快速收敛区.

因此,只好不顾 $\rho(f)=0$ 和 $\rho(f)$ 太小的情况. 对于剩下的$\rho(f)$不太小的每个多项式 $f(z)$,设存在一个常数 $\rho_0>0$ 使得$\rho(f)\geqslant\rho_0>0$ 对这些多项式总是成立. 按照斯梅尔的充分条件,

只要$|f(z_0)|<\rho(f)/13$就是良好初值了.既然库恩算法可以任意接近准确根,何愁在一定时刻后不会进入快速收敛区?按照这个想法进行从μ到ε的换算,(为什么上述想法实际上是从μ到ε的换算,请读者思考.)我们可以得到下面的定理:

定理 2.5 对于所有系数的绝对值均不超过1的n阶首一多项式,以下事实成立的概率至少是$1-\mu$:用库恩算法顶多经过

$$200(n+2)^3\log_2(n/\mu)$$

次多项式计值,就可以为多项式找到一个牛顿算法所需要的良好初值.

现在,$200(n+2)^3\log_2(n/\mu)$次多项式计值和$[100(n+2)]^9/\mu^7$次牛顿迭代,这两个估计式就是参数完全一样的成本估计了.

斯梅尔研究牛顿算法的计算复杂性的论文,题为《代数基本定理与复杂性理论》,发表在1981年的《美国数学会通报》上.这是数值计算复杂性理论从只做最坏情形分析到也做概率情形分析的开创性论文.在这篇论文中,斯梅尔还提出讨论其他算法的计算复杂性的一系列课题.可以说,正是斯梅尔的这篇论文,吸引本书作者王则柯与徐森林和库恩教授一起,完成了前面介绍的研究和这一节介绍的比较定理.

斯梅尔教授开设的研究生课程,经常邀请相关领域的专家报告自己的成果.1983年春天,他以动力系统框架和计算复杂性理论为主题向研究生开课.若干校外的和国外的教授也每课必到,不放过学习和讨论的机会.斯梅尔教授邀请本书作者王则柯报告库恩算法的计算复杂性讨论,作为1983年春季课程的第一个外邀讲演.

作为成本估计,$100n^3\log_2(n/\varepsilon)$和$200(n+2)^3\cdot\log_2(n/\mu)$当然比$[100(n+2)]^9/\mu^7$好得多.但是决不能由此而低估斯梅尔

的工作的重要意义,因为我们讨论的是具有良好几何拓扑结构的库恩算法,而斯梅尔对付的是难以驾驭的牛顿算法,就牛顿算法的坏的情况来说,收敛性都谈不上,更何况成本估计.斯梅尔果断而巧妙地排除了坏的和较坏的情况,得出一个出色的概率估计.他的工作是开创性的.王则柯在演讲中画了一张理论成果评价示意图,横轴 f 表示多项式,纵轴 C 表示成本.如图 2.9(a)所示,细实曲线表示用牛顿算法求多项式根的实际成本,粗实曲线表示斯梅尔对牛顿算法成本的估计.如图 2.9(b)所示,细实曲线表示用库恩算法求多项式根的实际成本,粗实曲线表示我们对库恩算法成本的估计.这是一张笼统的无标度的示意图,但是清楚地表明我们是在做一项相对容易的工作,所以得到的估计式比较好(粗实曲线比较低).斯梅尔的出色之处,在于图中小折线表示的截断处理,正如前面强调过的,这是真正开创性的工作.

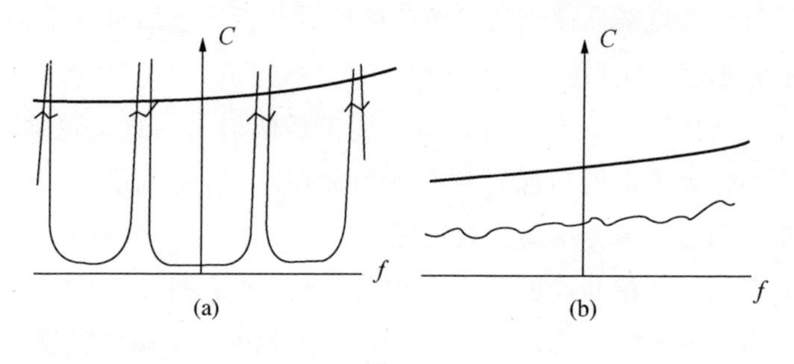

图 2.9

这张用粉笔当时画在黑板上的评价图,得到在座的教授和研究生的赞赏.

当然,开创性的工作也并不一定已经十全十美.从构造性数学的观点来看,斯梅尔设计的用参数牛顿迭代寻找良好初值的方法在彻底的意义上说还不是完全构造性的.这是美中不足的地方.问题在于步长参数 h 的选取.不错,斯梅尔给出了 h 的表达式,h 可以由 ζ 和 $\mathscr{K}$ 确定,但是 ζ 和 $\mathscr{K}$ 却又依赖于 $\rho(f)$,$\rho(f)$ 是 $f(z)$ 的临界值的绝对值的最小者,而 $f(z)$ 的临界点就是 $f'(z)$ 的根.这样,为了构造性地解决寻找多项式 $f(z)$ 的良好初值的问题,必须先解决寻求另一个多项式 $f'(z)$ 的根的问题.这样的环环相扣的构造性,在逻辑上有点讲不过去.

指出美中不足,并不等于我们已经可以做得更完美.我们估计,那会是更加困难得多的问题.

从构造性数学的观点来看,库恩算法却总是可以在由精度要求 ε 和多项式阶数 n 预先完全确定的多少次多项式计值之内,把多项式的 n 个根无一例外全找出来.所以,无论库恩算法的本身还是我们对于库恩算法计算复杂性的讨论,都完全是构造性的.

库恩算法的优点是保险成功,牛顿算法的长处是进入快速收敛区后收敛极快.看来,两种算法配合使用,可以把二者的长处结合起来.事实上,采用库恩算法先把根的位置大致确定,然后改用牛顿算法迅速向准确根靠近,这在理论分析和实际计算中都是很有希望的方案.

§2.4　数值计算复杂性理论的环境与进展

数值计算复杂性理论在 20 世纪 80 年代取得了若干重要进展.随着计算机技术的飞速发展,复杂性这一既发生在应用数学领域,又植根于纯粹数学的深层,而与当今计算机的广泛应用又紧密相关的领域,引起了越来越多的关注.数值方法的计算复杂性有着它特殊的理论环境,计算复杂性理论发展到今天,其重大进展也令人瞩目.

2.4.1 影响巨大的斯梅尔学派

研究计算方法,不能不考虑计算成本或算法效率的问题.在这个意义上,讨论数值方法的计算复杂性历史悠久.然而,直到20世纪70年代,这种讨论都带有局部的和渐近的特征.

斯梅尔参加此项工作,是这一方向得到强大推动和取得丰硕成果的转机.在短短的4年之内,《美国数学会通报》先后发表了斯梅尔《代数基本定理和复杂性理论》和《关于分析算法的效率》等重要论文.1986年在伯克利召开的国际数学家大会上斯梅尔就这一发展做了题为"解方程的算法"的1小时报告.在纯粹数学和应用数学的边缘领域,这样的发展是罕见的.

斯梅尔在国际数学家大会上所做的报告已译成中文,发表于《数学译林》(以下简称译林)第6卷(1987)第3期.我们在这里除介绍数值方法计算复杂性理论的重大进展以外,还谈一些与这一发展紧密联系的其他问题,即数值方法计算复杂性理论的学科环境方面的问题.

1966年斯梅尔因证明了"维数大于4时广义庞加莱猜想是对的"而获菲尔兹奖.H.庞加莱(H. Poincaré)曾经猜测,每个单连通的3维紧致闭流形都同胚于3维球面,这一数学难题迄今未获解决.[①]高维情形的庞加莱猜想,则称为广义庞加莱猜想.与庞加莱猜想有关的工作,是陈省身教授称之为核心数学的工作.20年来,斯梅尔和其他学者一起,奠定了动力系统理论的坚实基础;和经济学家密切合作,对数理经济学的发展贡献了力量.他

---

① 本书写于1990年,庞加莱猜想已于2006年被俄罗斯数学家G.佩雷尔曼解决.——编者注

与 M. 赫希(M. Hirsch)合著了《微分方程,动力系统和线性代数》一书,颇有影响. 斯梅尔马蹄变换,揭示出动力系统理论的许多命题.《数理经济学手册》一书的"大范围分析与经济学"一章,也是斯梅尔撰写的.

在用动力系统方法处理价格调节的市场机制时,斯梅尔提出了整体牛顿法的概念. 斯梅尔从计算机科学的复杂性理论汲取营养,在动力系统的框架内处理算法及其效率问题,形成了数值分析复杂性理论.

2.4.2 数值计算复杂性讨论的学科环境

数值方法计算复杂性讨论与以往熟悉的计算速度和收敛阶讨论不同. 对于后者,可以提出的问题是:在(通常关于初始值的)什么样的条件下,计算有几阶敛速. 这是一种局部的和渐近的讨论.

现在讨论的计算复杂性是从整体上而不是从局部探讨某种算法的总成本或者平均成本,回答在随机地选取一个初始值的条件下,解决某种类型的数值计算问题的平均成本是多少. 新的讨论需要新的学科环境. 这里先介绍复杂性讨论的学科环境.

一是拓扑学. 研究数值分析算法的总成本或平均成本,并且是从整体而不是从局部考虑问题,必须引进拓扑学和几何学.

在某种意义上,拓扑学是数学讨论从局部走向整体的桥梁. 每个局部均等同于欧氏空间开球的几何对象,就是流形. 所以,流形是由欧氏开球拼接起来的. 如果拼接得好且光滑,就得到光滑流形或微分流形. 流形是局部定义的整体概念. 关于向量场积分曲线的讨论,如果限于平面区域,就是常微分方程的内容,如果在微分流形上整体考虑,就属于动力系统范畴. 这就是一个例子.请注意,在流形上展开的数学讨论,往往只需要形式上局部的验证即可得到整体的结论.

拓扑学在其他领域的横向应用发展很快.所以如此,并不是由于代数拓扑和微分拓扑的高深理论和最新成果,而主要是因为拓扑学本质上整体的讨论方式适应了其他领域的要求,因为拓扑学的一些基本方法(如单纯剖分,萨德定理等)在其他领域开拓了应用.在这个意义上,非拓扑专家首先要求一种在他们经常面对的“好”的条件下适用的拓扑学.凡通晓线性代数和多元微积分基础的读者,都能掌握拓扑学的这些最基本但也是最重要的内容.

二是代数几何.古典代数几何是在仿射空间和射影空间研究多项式方程组的解簇(解集)的构造的理论.所以,代数几何本来就是和方程理论与算法理论紧密联系的.不仅许多算法原来就是对多项式方程组提出的,而且几乎每种算法的复杂性讨论都必须首先从多项式的情形开始(虽然已经取得丰硕成果,但是还远远谈不上这个开端的结束).代数几何对这一讨论的重要性由此可见.许多关于多项式的几何讨论都以齐次方程的讨论为基础,这就需要在射影空间中展开.

代数几何的前置课程是线性代数,再加上一点仿射几何、射影几何、拓扑学和复分析.

三是几何概率.几何概率是非概率数学工作者容易接受的数学概念.

例如牛顿迭代,考虑初始点对收敛性或效率的影响.在确定了好的与坏的标准以后,好的初始点在勒贝格测度意义上占全空间的比率,就是在空间中任取一点作为初始点算法运行得好的概率.反过来,固定一个初始点,对不同的函数进行牛顿迭代,如果能够在相应的函数空间中引进适当的测度，也可以讨论从这个固定的初始点开始对任一函数进行迭代时算法运行得好的概率.

积分几何中以富比尼定理为中心的有关内容，是复杂性理论中几何概率讨论的基本工具.

四是单叶函数理论.一元情形的牛顿迭代是在复平面上进行的.收敛性是关于算法的最基本的考虑.这就自然联系到复变函数论中的单叶函数理论.事实上，在单零点附近，解析函数的行为近似于单叶函数.具体来说，与比勃巴赫猜想、德布兰吉斯定理有关的工作，都在斯梅尔学派的复杂性讨论中起着重要作用.拓扑学和几何学的整体观点加上单叶函数理论的分析结果，是斯梅尔的重要理论和重要结果的基石.

2.4.3　数值计算方法及其复杂性讨论的动力系统框架

复平面加上无穷远点，就成为黎曼球面.如果对多项式 $f(z)$ 进行牛顿迭代，则迭代公式本身就是一个有理函数，确定了黎曼球面上的一个离散半动力系统.

粗略地说，动力系统理论是关于微分流形上向量场的流(线)的理论.如果不进行连续观察，而是对流进行离散采样，就得到离散的动力系统.我们也可以独立于连续动力系统来建立离散动力系统的概念.设 g 是拓扑空间 X 的一个自同胚，记 $g^0=id$ 为恒同映射，$g^k=g\circ g^{k-1}$ 而 $g^{-k}=(g^{-1})^k$，就得到 X 的自同胚的一个双边序列…，g^{-2}，g^{-1}，g^0，g^1，g^2，…，显然满足 $g^0=id$ 和 $g^{k+l}=g^k\circ g^l$，其中 k，l 为整数.

复杂性讨论中的自映射(如牛顿迭代公式)，一般不是同胚的.对于拓扑空间 X 的一个自映射 g，通常不能写为 g^{-1}.因此，

g 的迭代产生的是 X 的自映射的一个单边序列 $g^0, g^1, g^2, \cdots$，满足 $g^0 = id$ 和 $g^{k+l} = g^k \circ g^l$，k, l 为整数. 这样的系统称为离散半动力系统.

有理函数 $R(z)$ 的迭代引起许多拓扑、代数几何、复变函数背景的纯粹数学家的兴趣，D. 苏利凡(D. Sullivan)、W. 色斯顿(W. Thurston)等即为代表人物. 杨乐在中国数学会 50 周年年会上的报告《单复变函数论中的一些新成果》基本上就是围绕有理迭代的动力学理论展开的. 作为背景材料，可见 P. 布兰查德(P. Blanchaurd)的综述文章《黎曼球面上的复解析动力学》. 这篇文章可以帮助我们了解纯粹数学家是如何看待和处理本质上同样的问题的. 既然把上述有理迭代看作一个离散半动力系统，自然就提出不动点、周期点、非游荡点等概念. 迭代的一个重要问题就是会不会发生混沌现象. 这样，数值分析的复杂性理论与纯粹数学和理论物理中动力系统和混沌理论这一热门课题的深刻联系就充分表露出来了. 纯粹数学和应用数学正在互相靠拢，界线变得模糊. 苏利凡等人的论文中常常附有计算机打印出来的漂亮的图形(甚至不妨说图案)，色斯顿颇为得意地把计算机打印的“数学图腾”挂在普林斯顿大学数学系教授休息厅的墙上. 如果说这些纯粹数学家对计算机的兴趣不比计算数学家小，并不是夸大其词.

斯梅尔是在动力系统的框架内处理算法及其效率问题的. 试想，在复平面或黎曼球面上随机选取初始点进行牛顿迭代，如果迭代收敛，打一个黑点. 如果迭代不收敛，不打黑点. 这样，就会得到一张上面所说的图案. 前面说过，所谓收敛，实际上是有限收敛. 因此，黑点都位于牛顿迭代的快速收敛区. 按收敛速度的不同层次，这些快速收敛区本身的构造如何？扩张的方式如何？当采用比如说参数的牛顿迭代时，参数的变化对收敛速度的影响如何？两个初始点应当接近到什么程度，才能保证同步迭代过程中不再远离？凡此种种，都属于动力系统方式的设想.至于这些设想的刻画和验证，则需细致的分析与讨论.

2.4.4 经典的牛顿型迭代

首先复述多项式零点的牛顿迭代方法.

设 f 是首项系数为 1，其余各项系数的绝对值不超过 1 的 n 次多项式.这并不是一个限制，因为多项式总是可以通过变量替换获得这样的规范形式.

零点计算的要求通常是置定一个正数 ε，希望计算结果与实际零点的距离小于 ε.但利用下述逼近零点的概念，可免除 ε 的任意性.特别值得注意的是，逼近零点的概念对于具有不同迭代吸引力的零点来说，是一种齐性的概念.这是 ε 设置难以做到的.

如果存在 z_0，使得

$$z_{k+1} = z_k - f(z_k)/f'(z_k)$$

对所有 $k=0,1,2,\cdots$ 都有意义，并且对所有 k 都成立

$$|f(z_{k+1})/f(z_k)| < 1/2,$$

则称 z_0 是一个逼近零点.在给定迭代公式的条件下，逼近零点是关于 z_0 和 f 的关系的概念.一旦找到逼近零点，问题就容易解决了.

斯梅尔利用以较细致的 h 为步长参数的参数牛顿迭代

$$z_{k+1} = z_k - hf(z_k)/f'(z_k)$$

寻找逼近零点，这里 $0<h\leqslant 1$.如常，使得 $f'(z)=0$ 的点称为 f 的临界点，其多项式值称为 f 的临界值.记临界值的绝对值的下

确界为$\rho=\rho(f)$. 设z_0为初始值,记临界值与$f(z_0)$之比的辐角的绝对值的下确界为$\mathscr{K}=\mathscr{K}(f,z_0)$,并令

$$\zeta=\zeta(f,z_1)=13\mid f(z_0)\mid/\rho(f).$$

斯梅尔证明了下述定理(重述定理2.2和定理2.3).

定理2.2 若f和z_0符合$\rho(f)>0$和$\mathscr{K}(f,z_0)>0$,则取

$$h=\frac{\sin(\mathscr{K}/2)}{4[3\sin(\mathscr{K}/2)+\log\zeta]},$$

从z_0开始的以h为步长参数的参数牛顿迭代都有意义,并且在

$$s=4[3+\log\zeta/\sin(\mathscr{K}/2)]^2$$

步之内到达多项式$f(z)$的一个逼近零点.

定理2.2着眼于f和z_0的"匹配"关系,定理2.3则从固定的$z_0=0$出发,把与$z_0=0$"匹配"得不好的那些f去掉,允许去掉的比率μ越大,剩下的情况就越好.

定理2.3 给定n和$0<\mu<1$,取换算参数$\sigma=(\mu/150)^{3/2}/(n+2)^2$,则对于所有规范形式的多项式,以下事实成立的概率至少是$1-\mu$:只要适当选取步长参数h,就可以保证从$z_0=0$开始的h为步长参数的参数牛顿迭代在

$$s=4[3+8r\log(15/\sigma)/\sigma^2]^2$$

步之内到达多项式的一个逼近零点.

经过细心换算,近似地有$s=[100(n+2)]^9/\mu^7$. 如果当某事件不成立的概率很小,就说该事件"概率地"成立,定理2.3是关于多项式牛顿迭代的头一个多项式时间的结果.

后来,斯梅尔对

$$\mid z_{k+1}-z_k\mid<\left(\frac{1}{2}\right)^{2k-1}\mid z_1-z_2\mid$$

型的逼近零点和

$$|z_k-\xi|<\left(\frac{1}{2}\right)^{2k-1}|z_0-\xi|$$

型的逼近零点展开了相应的讨论，其中 $f(\xi)=0$. 前者立足于迭代过程中获得的信息，是所谓信息型复杂性(information-based complexity)讨论；后者要求预先假定实际零点的位置，更便于从理论上得出概率的结果.

M. 舒布(M. Shub)和斯梅尔对于所谓增量算法(incremental algorithms)得到这样的结果：随着多项式次数的增长，通过迭代次数计算数值计算零点的成本，概率地说是线性增长. 必须指出，一般增量算法把许多高阶项的计算也包含在迭代公式中，并且随着允许结论不成立的概率 μ 的下降，包含的项越来越多，这与参数牛顿迭代很不同. 如果迭代次数线性增长，但每次迭代本身的成本也在增长(甚至是超线性增长)，这就不是通常意义的线性结果.

这一结果的动力系统理论的价值是明显的. 斯梅尔一再声明，他不关心立即产生新的快速算法，相反却刻意寻求对已经考验过的有效方法的基本了解，验证人们在使用时业已形成的经验和信念. 从长远考虑，这种努力对于新算法的设计无疑将会做出建设性的贡献.

斯梅尔使用黎曼球面上的迭代公式

$$G_w(z)=z+[w-f(z)]/f'(z),$$

其中复数 w 作为迭代参数. 对于牛顿型算法来说，初始值的选取是一个棘手的问题. 斯梅尔干脆考虑随机选取初始点的“随机算法”. 他证明，对于任一规范形式的 n 次多项式 f 和任意正数 ε，平均执行 6 次下述算法，就可以得到 f 的符合 $|f(z)|<\varepsilon$ 的数值零点.

算法：

0° 令 $K=98, M=1-(1/K)$，N 为大于 $K(n\log 3+|\log \varepsilon|)$ 的最小整数；

1° 随机选取一点 $z_0\in\{z\in\mathbf{C}:|z|=3\}$；

2° 做迭代：$z_k=G\omega_k(z_{k-1}), \omega_k=M^k f(z_0), k=1,2,\cdots,N$；

3° 如果 $|f(z_N)|<\varepsilon$，停机，否则，回到 1°.

2.4.5 一般收敛算法

所有 n 次多项式组成的空间记作 P_n，则任何迭代的零点算法可以表示为以多项式为参数的黎曼球面上的一个离散半动力系统 $T:P_n\times S\to S$. 如果在 $P_n\times S$ 中存在一个满测度开集 U，使得只要 $(f,z)\in U$，关于 f 的从 z 开始的迭代就会收敛到 f 的一个零点，就说 T 是一般收敛的迭代算法. 满测度条件保证收敛性是通有的，开集条件保证这种收敛性对于初始点的小扰动和对于多项式的小扰动是稳定的. 这就是一般收敛算法的意义.

如果迭代算法 T 可以表示为 f 的系数和 z 的复有理运算(指加、减、乘、除)的有限组合，就说 T 是一个有理映射.

C. T. 麦克马伦(C. T. McMullen)证明，当 $n\geqslant 4$ 时，任一有理映射 $T:P_n\times S\to S$ 都不是一般收敛的迭代算法. 这和斯梅尔原来的猜测一致. 对于 $n=3$，麦克马伦提出一个一般收敛的有理迭代算法. 所以，这一问题在有理映射的范围内已完全解决.

舒布和斯梅尔则证明，如果不限于有理映射，除加、减、乘、除外再加一个复共轭运算，就能构造出一般收敛的迭代算法. 有趣的是，这个结果在多变量情形也成立，而麦克马伦定理在多变量情形的有效性还是一个未解决的问题.

2.4.6　数值计算方法的相关进展与前沿课题

在数值方法计算复杂性讨论中,多项式零点计算问题实际上是一个标准的测试问题.斯梅尔学派的工作主要集中于牛顿型算法.

关于未来发展与前沿课题的展望,应当指出如下几点.

多项式映射 $f:\mathbf{C}^n\to\mathbf{C}^n$ 零点算法. J. 勒尼伽(J. Renegar)证明,概率地说来,任给 f 和 ε,对于 f 的每个零点 ω,都可以在有限步内找到一点 y,使得 $\|y-\omega\|<\varepsilon$,每个 $|f_i(y)|<\varepsilon$,并且从 y 开始的牛顿迭代二阶收敛到 ω.

主要的困难在于单复变情形和多复变情形本质上的巨大差异,后者常与非专家的直觉想象偏离.

PL 同伦算法. 这方面的讨论起源于斯梅尔的《代数基本定理和复杂性理论》的第八个问题.较早的结果有:平均来说,找到 n 次多项式 $|z-\xi|<\varepsilon$ 型数值零点的计算成本不超过 $Kn^2\log(n/\varepsilon)$,K 为适当常数.为了与斯梅尔的 n^9/μ^7 结果比较,上述结果的一个推论是:找到一个逼近零点的成本平均不超过 $Kn^3\log(n/\mu)$.

随后,勒尼伽得到类似结果,并且基于 B. 伊夫斯(B. Eaves)和 J. 约克(J. Yorke)关于单纯剖分的方向密度和表面密度的关系的深刻工作,提出 PL 同伦算法复杂性讨论的一般理论.

线性规划问题. 1982 年,斯梅尔证明了如下结果:概率地说来,在约束数 m 固定的情况下,线性规划问题单纯形算法的计算成本随变量数 n 线性增长.

斯梅尔还提出具体把平均成本表示成 m 和 n 的多项式的课题,并强调对线性规划问题多种算法都适用的平均速度理论.

关于下界的工作. 在《论算法之拓扑》中,斯梅尔从图论的观点考虑"计算树",把计算树的拓扑复杂性定义为分叉点的数目,得到如下结果:对于规范形式的 n 阶多项式,存在由 n 决定的正数 $\varepsilon(n)$,使得只要 $0<\varepsilon<\varepsilon(n)$,在 $|z-\xi|<\varepsilon$ 的意义下找到多项式全部零点的拓扑复杂性大于 $(\log_2 n)^{2/3}$. 这一讨论完全是拓扑的,具体来说指的是代数拓扑. 有趣的是,富茨关于辫群的上同调环的结果,在这一讨论中起着决定性的作用.

该文的思想具有相当的一般性. 结果未能推广到多复变情形,是因为代数拓扑学中相应的问题未获解决.

斯梅尔认为,关于复杂性讨论所做的工作,可以与常微分方程理论系统化为动力系统理论的过程相比. 如果用一句话来概喻数值方法复杂性讨论的数学情景,那就是:纯粹数学的若干深层问题,都显示出与这一讨论的关联.

三　单纯同伦方法的可行性

1967 年，美国耶鲁大学经济学系教授 H. E. 斯卡夫（H. E. Scarf）发表论文，提出了计算单纯形连续自映射不动点的一种有限算法. 斯卡夫采用整数标号和单纯形之间的互补转轴运算格式，形成系统的在有限步内必定成功地寻找表征不动点位置的本原集的算法，这是著名的布劳威尔不动点定理的第一个构造性证明. 在随后短短的几年中，库恩把单纯剖分引入算法. 伊夫斯、R. 塞格（R. Saigal）和 O. 米勒（O. Merrill）使算法的计算变成了从人为的始点到不动点的同伦形变过程，并且采用向量标号成功地解决了上半连续集值映射不动点的计算问题. 他们的工作不但使算法的效率大大提高，而且使算法的应用（特别是经济学方面的应用）范围大为拓广.

早在 20 世纪 70 年代，R. 凯洛格（R. Kellogg）、李天岩（T. Y. Li）和约克发表的论文《计算布劳威尔不动点的连续方法》，标志着连续同伦算法的开创. 拓扑学家斯梅尔很快也加入了这一行列，并做出了突出的贡献. 现在，凯洛格、李天岩、约克和斯梅尔被公认为非线性问题数值计算的连续同伦方法的创始人.

同伦方法的精妙一面在库恩多项式求根的魔术植物栽培算

法中已略见一斑.值得一提的是,同伦方法在纯粹理论的研究和应用领域的研究方面都有着不凡的功效.譬如,在纯粹数学方面,利用连续同伦方法来解决复变函数中复杂定理的证明以及微分方程问题的复杂的动力系统性态;在应用数学和计算数学方面,对非线性规划问题、非线性互补问题、经济均衡问题等高度非线性领域的研究,同伦方法都能显示出强大的威力.

§3.1 连续同伦方法和单纯同伦方法

拓扑学中有一个重要的概念,是关于映射之间的过渡或形变的,就是所谓的同伦.同伦这个概念,前面已经粗略使用过,现在再做详细介绍.

定义 3.1 设 X 和 Y 都是欧氏空间的子集,$f^0,f^1:X\to Y$都是连续映射.如果连续映射 $H:[0,1]\times X\to Y$ 使得对所有 $x\in X$ 都成立 $H(0,x)=f^0(x)$,$H(1,x)=f^1(x)$,就说 H 是从映射 f^0 到映射 f^1 的一个同伦或一个伦移.这时,还说映射 f^0 和映射 f^1 是同伦的.

所以,连续映射 $H:[0,1]\times X\to Y$ 称为是 f^0 到 f^1 的一个同伦,就意味着 H 在$\{0\}\times X$ 与 f^0 吻合,在$\{1\}\times X$ 与 f^1 一致.

注意,f^0 和 f^1 的 0 和 1,只是符号,不是指数.

显然,映射之间的同伦关系是一个等价关系,即具有自反性、对称性和传递性.所以,若 H 是从 f^0 到 f^1 的一个同伦,我们也可以说 H 是 f^0 和 f^1 之间的同伦.

当说 $f^0:X\to Y$ 和 $f^1:X\to Y$ 同伦时,必须有一个连续映射 $H:[0,1]\times X\to Y$ 使得 $H(0,\cdot)=f^0$,$H(1,\cdot)=f^1$.但这个 H 不必是唯一的.例如,易知只要 Y 是欧氏空间中的凸集,则由 $H(t,x)=(1-t)f^0(x)+tf^1(x)$确定的$H:[0,1]\times X\to Y$ 是从

f^0 到 f^1 的同伦，而由 $G(t,x)=(1-t^2)f^0(x)+t^2f^1(x)$ 确定的 $G:[0,1]\times X\to Y$ 也是从 f^0 到 f^1 的同伦，很明显，$H\neq G$.

同伦的概念本质上是映射之间的连续过渡或连续形变的概念，只有当 f^0，f^1 和 H 都是连续映射时，上述概念才有意义. 事实上，如果不要求连续性，形式地套用定义 3.1，则任意两个从 X 到 Y 的映射都必定同伦，同伦概念也将失去其意义了. 为了强调同伦是连续映射之间的连续过渡或连续形变，同伦定义中区间 $[0,1]$ 中的变量 t，常理解为时刻，称为同伦参数. 固定一个 $t\in[0,1]$，$H(t,x)$ 常写成 $f^t(x)$. 但注意，$f^t(x)$ 是同时连续地依赖时刻 t 和位置 x 的.

为求映射 $f:\mathbf{R}^n\to\mathbf{R}^n$ 的零点（根），我们选择一个零点清楚的辅助映射 $g:\mathbf{R}^n\to\mathbf{R}^n$，按照

$$H(t,x)=tg(x)+(1-t)f(x)$$

或其他方式，构造连接 g 和 f 的同伦

$$H:[0,1]\times\mathbf{R}^n\to\mathbf{R}^n.$$

当参数 $t=1$ 时，$H(1,x)$ 就是 $g(x)$；当参数 $t=0$ 时，$H(0,x)$ 就是 $f(x)$. 在一定的条件下，同伦 H 的零点集

$$H^{-1}(0)=\{(t,x)\in[0,1]\times\mathbf{R}^n:H(t,x)=0\}$$

是一些互不相交的光滑的简单曲线. 这些曲线一端是 g 的零点，一端是 f 的零点. 从已知的 g 的零点出发，沿着这些曲线走，就可以到达待求的 f 的零点. 这就是同伦方法，一种典型的路径跟踪算法的原始思想. 同伦方法在纯粹数学和应用数学都有用武之地. 如果着眼于数值计算，同伦方法亦称为同伦算法（homotopy algorithms）.

实现上述基本思想，主要有两种途径. 一是当 f 和 g 都光滑，并且 $0\in\mathbf{R}^n$ 同时是光滑映射 g 和 H 的正则值时，$H^{-1}(0)$ 由

若干条简单的光滑曲线组成. 从数学上讲,由上述$(1,x^1)$出发,沿着一条简单光滑曲线走,是完全确定的事,可以用欧拉(Euler)折线法、预估校正法(predictor-corrector)等多种方法实现. 按照这样的想法,发展起了连续同伦算法(continuation homotopy algorithms).

另一种途径,就是对$n+1$维空间$[0,1]\times\mathbf{R}^n$做单纯剖分,也就是把$[0,1]\times\mathbf{R}^n$分割成一个个$n+1$维单纯形(simplices),定义映射

$$\Phi:[0,1]\times\mathbf{R}^n\rightarrow\mathbf{R}^n$$

如下:在单纯剖分的所有顶点(vertices)上,Φ和H取值一样;在剖分的每个单纯形上,Φ是仿射的(affine). 容易知道,当H和$[0,1]\times\mathbf{R}^n$的单纯剖分T确定以后,上述Φ是唯一地确定的. 我们称映射Φ为同伦H关于剖分T的单纯逼近(simplicial approximation),或分片线性(piecewise linear,PL)逼近.

由于H连续,所以当剖分T很细致时,在任何有界区域里,Φ的零点集

$$\Phi^{-1}(0)=\{(t,x)\in[0,1]\times\mathbf{R}^n:\Phi(t,x)=0\}$$

和同伦H的零点集$H^{-1}(0)$就很接近. 这样,设想Φ的零点集$\Phi^{-1}(0)$也都由简单曲线组成,那么由于Φ在每个单纯形上是仿射的,所以这些简单曲线都是简单折线(broken lines). 从Φ在$t=1$处的某个零点$(1,x^1)$出发,沿着Φ的零点集$\Phi^{-1}(0)$中的相应折线走,如果同伦参数t下降到0,得到一点$(0,x^0)$,那么x^0就是f的近似零点(图3.1). 按照这样的想法,发展起了单纯同伦算法(simplicial homotopy algorithms). 单纯同伦算法主要包括整数标号单纯同伦算法和向量标号单纯同伦算法.

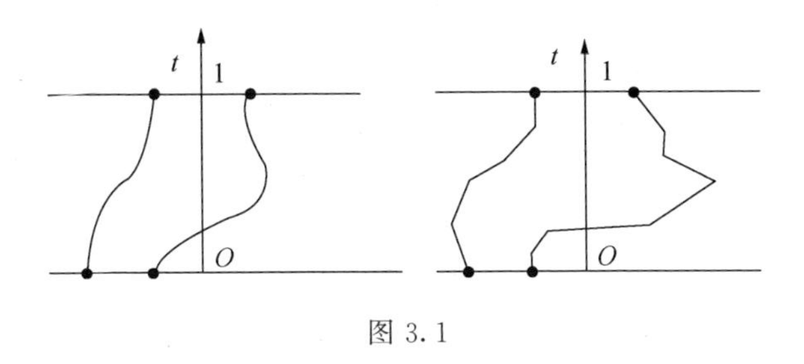

图 3.1

§3.2　整数标号单纯同伦方法

前面说过，在 1967 年，美国耶鲁大学经济学系教授斯卡夫发表论文，提出了计算单纯形连续自映射不动点的一种有限算法. 斯卡夫采用整数标号和单纯形之间的互补转轴运算格式，形成系统的在有限步内必定成功地寻找表征不动点位置的本原集的算法，这是著名的布劳威尔不动点定理的第一个构造性证明. 斯卡夫教授将算法用于经济学中一般均衡理论的研究. K. 阿罗(K. Arrow)和 G. 德布鲁(G. Debreu)教授主要因证明了均衡价格的存在性而获得诺贝尔经济学奖，而利用斯卡夫算法不但证明了均衡价格的存在性，还能够将均衡价格算出来.

下面，我们介绍整数标号单纯同伦方法的相关概念及算法的思想，并利用“进口出口”法分析论证算法的可行性.

3.2.1　渐细单纯剖分

下面，我们先介绍渐细单纯剖分及其相关的概念.

定义 3.2　$\mathbf{R}^m$ 中 $p+1$ 个点 $x^0, x^1, \cdots, x^p$ 称为是仿射无关的，如果当 $\sum_{i=0}^{p}\lambda_i = 0$ 和 $\sum_{i=0}^{p}\lambda_i x^i = 0$ 时必有 $\lambda_0 = \cdots = \lambda_p = 0$. 这时也说 $x^0, x^1, \cdots, x^p$ 是 $\mathbf{R}^m$ 中占有最广位置的 $p+1$ 个点.

定义 3.3 $\mathbf{R}^m$ 中 $p+1$ 个仿射无关的点 $x^0, x^1, \cdots, x^p$ 的凸包 $\{x = \sum_{i=0}^{p}\lambda_i x^i \mid \lambda_i \geqslant 0, i = 0, 1, \cdots, p; \sum_{i=0}^{p}\lambda_i = 1\}$ 是一个 p 维闭单纯形，记作 $[x^0, \cdots, x^p]$. $[x^0, \cdots, x^p]$ 以 $x^0, \cdots, x^p$ 为它的 $p+1$个顶点.

定义 3.4 设 $x^0, \cdots, x^p$ 是 $\mathbf{R}^m$ 中 $p+1$ 个仿射无关的点. 称 p 维闭单纯形$[x^0, \cdots, x^p]$在其仿射包 $\mathrm{aff}([x^0, \cdots, x^p])$的相对内部为一个 p 维单纯形，记作$\langle x^0, \cdots, x^p \rangle$. 这时，仍称 $x^0, \cdots, p^p$ 是单纯形$\langle x^0, \cdots, x^p \rangle$的 $p+1$ 个顶点，虽然除 $p=0$ 的情形外，单纯形的顶点已不在单纯形上了. 通常，单纯形也称为单形.

欧氏空间 $\mathbf{R}^m$ 的子集 P 在其仿射包 $\mathrm{aff}(P)$中的相对内部，指的是集合$\{x \in P \mid$ 存在 $\varepsilon > 0$ 使得 $B(x, \varepsilon) \cap \mathrm{aff}(P) \subset P\}$，其中 $B(x, \varepsilon)$表示 $\mathbf{R}^m$ 中以 x 为中心、半径为 ε 的闭球. 这样，我们有表达式

$$\langle x^0, \cdots, x^p \rangle = \Big\{x = \sum_{i=0}^{p}\lambda_i x^i \mid \lambda_i > 0, i = 0, \cdots, p; \sum_{i=0}^{p}\lambda_i = 1\Big\}.$$

如果 σ 和 τ 都是单纯形，并且 τ 的顶点都是 σ 的顶点，就说 τ 是σ 的面. 特别当 τ 的维数只比 σ 的维数小 1 时，还称 τ 是 σ 的界面.

定义 3.5 设 P 是一个集合. 如果$\{P_\lambda \mid \lambda \in \Lambda\}$是 P 的一个盖满 P 的互不相交的子集族，即$\bigcup_{\lambda \in \Lambda} P_\lambda = P$ 而当 $\lambda \neq \mu$ 时 $P_\lambda \cap P_\mu = \varnothing$，就说$\{P_\lambda \mid \lambda \in \Lambda\}$给出集合 P 的一个分割，或者说$\{P_\lambda \mid \lambda \in \Lambda\}$分割 P.

由定义立刻可以知道，设 σ 是一个单纯形，则相应的闭单纯

形 $\bar{\sigma}$ 被 σ 的所有面分割，或者说 σ 的所有面给出 $\bar{\sigma}$ 的一个分割.

有了以上的准备，就可以提出单纯剖分的定义了.

定义 3.6　设 C 是 $\mathbf{R}^m$ 中的一个凸集，$\dim C=n\leqslant m$. 称 G 是 C 的一个单纯剖分(a simplicial triangulation)，如果：

(1) G 是 n 维单纯形的一个集合；

(2) G 的所有单纯形的所有面组成 C 的一个分割；

(3) 对于 C 的每个点，都有该点在 C 中的一个邻域，只与 G 中有限个单纯形相交.

这时，我们记 G 的顶点集为 G^0.

定义 3.7　设 X 是欧氏空间的凸子集，$\dim X=n$，$d_0>d_1>\cdots$ 是正数下降序列，$\lim\limits_{k\to\infty}d_k=0$. 设 G 是欧氏空间的凸子集 $(0,1]\times X$ 的一个单纯剖分，满足：

(1) $G^0\subset\{2^{-k}\mid k=0,1,2,\cdots\}\times X$；

(2) $G_k=\{\tau\in G^n\mid \tau\subset X(k)\}$ 是 $X(k)=\{2^{-k}\}\times X$ 的单纯剖分，$k=0,1,2,\cdots$；

(3) 若 $\sigma\in G$ 有 $\sigma\subset(0,2^{-k}]\times X$，则 σ 的投影直径 $\dim_p\sigma\leqslant d_k$，$k=0,1,2,\cdots$.

就称 G 为 $(0,1]\times X$ 的一种渐细单纯剖分.

定理 3.1　设 G 是 n 维凸集 C 的一个单纯剖分，那么：

(a) $\bigcup_{\sigma\in G}\bar{\sigma}=C$；

(b) 若 $\sigma_1,\sigma_2\in G$ 且 $\bar{\sigma}_1\cap\bar{\sigma}_2\neq\varnothing$，那么 $\bar{\sigma}_1\cap\bar{\sigma}_2$ 是 σ_1 和 σ_2 的一个公共面 r 的闭包；

(c) 若 D 是 C 的紧子集(有界闭集)，则 D 只与 G 的有限多个单纯形相交.

符合(b)的一对单纯形(但不必同维)称为是正则相处的.

直观上，单纯剖分就是把空间分割成一个个正则相处的单纯形. 0 维单纯形就是点,1 维单纯形是线段,2 维单纯形是三角形,3 维单纯形是四面体. 单纯形有良好的几何性质. 首先是单纯形上的每个点都可以用单纯形的顶点的一个凸组合表示出来,并且这种表示是唯一的. 这使我们可以对所讨论的映射进行单纯逼近:在剖分的所有顶点上单纯逼近映射的值与原映射的值一致,在剖分的每个单纯形内部,单纯逼近映射都是仿射的. 因为同伦是 $H:[0,1]\times\mathbf{R}^n\to\mathbf{R}^n$,同伦算法要剖分的空间是$[0,1]\times\mathbf{R}^n$. 给定同伦映射 $H:[0,1]\times\mathbf{R}^n\to\mathbf{R}^n$ 和给定空间$[0,1]\times\mathbf{R}^n$ 的单纯剖分,关于这个单纯剖分的单纯逼近(记作)

$$\Phi:[0,1]\times\mathbf{R}^n\to\mathbf{R}^n$$

就完全确定了. 我们希望 Φ 的零点集

$$\Phi^{-1}(0)=\{(t,x)\in[0,1]\times\mathbf{R}^n \mid \Phi(t,x)=0\}$$

比较“好”,并且和 H 的零点集 $H^{-1}(0)$“不会相差太远”. 如果能够沿着 Φ 的零点集 $\Phi^{-1}(0)$走,到达 $t=0$,我们也能得到 f 的近似零点. 如果单纯剖分做得好(例如下面将介绍的所谓渐细单纯剖分),到达 $t=0$ 时我们得到的将是目标映射 f 的精确零点.

因为单纯逼近映射在每个单纯形上是仿射的,即在单纯剖分的每一小块上是仿射的,所以也说单纯逼近是分片线性逼近. 在并不算强的所谓正则化条件下,Φ 的零点集$\Phi^{-1}(0)$是 1 维的. 这时,由于 Φ 是分片线性的,所以 Φ 的零点集 $\Phi^{-1}(0)$的每个连通分支都是一条简单折线,而整个零点集 $\Phi^{-1}(0)$由若干条这样既没有分叉、也不会交叉的折线组成. 单纯同伦算法的基本思想,就是从 Φ 在 $t=1$ 处的零点出发,沿着 Φ 的零点集 $\Phi^{-1}(0)$走,如果能够到达 $t=0$,就得到目标映射的近似零点或精确零点.

我们先叙述整数标号单纯同伦算法的一个 1 维原型,目的是在不受任何技术细节干扰和不马上面对生疏的新概念的条件下,突出单纯同伦算法的基本思想.

考虑计算连续函数 $f:\mathbf{R}\to\mathbf{R}$ 的一个零点的问题.

3.2.2 $(0,1]\times\mathbf{R}$ 的渐细单纯剖分

引进辅助参数 t,将问题放到空间 $(0,1]\times\mathbf{R}$ 中考虑. 用直线族

$$\{t=2^{-k},k\in\mathbf{Z}_+\}$$

和三族半开半闭的线段

$$\{x=m2^{-k},m\in\mathbf{Z},k\in\mathbf{Z}_+\},$$

$$\{x=m2^{-k}\pm t,0<t\leqslant 2^{-k},m\in\mathbf{Z},k\in\mathbf{Z}_+\},$$

对 $(0,1]\times\mathbf{R}$ 进行三角剖分,其中 $\mathbf{Z}$ 表示整数集,$\mathbf{Z}_+$ 表示非负整数集.

显见,(1)剖分中的两个三角形若相交,则交集是它们的公共棱或公共顶点;(2)剖分中位于边界 $\{1\}\times\mathbf{R}$ 的每一条棱是且只是一个三角形的棱,而其余每一条棱都正好是一对三角形的公共棱;(3)每个三角形都位于形如 $2^{-k}\leqslant t\leqslant 2^{-(k-1)}$ 的某一水平层带,在这一层带三角形的直径不超过 $2^{-(k-1)}$(图 3.2).

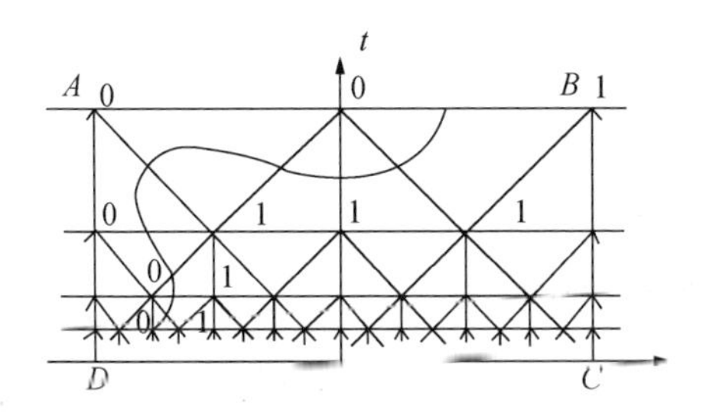

图 3.2

可见,剖分随着 t 趋于 0 而越来越精细.

3.2.3 整数标号和全标三角形

记剖分的顶点集为 G^0. 定义整数标号法 $l:G^0\to\{0,1\}$如下:

设 $y=(t,x)\in G^0$,则当 $t=2^0=1$ 时,

$$l(1,x)=\max\{0,\text{sgn } x\},$$

当 $t=2^{-k},k\in\mathbf{Z}_+$,因而 $t<1$ 时,

$$l(t,x)=\max\{0,\text{sgn } f(x)\},$$

其中 $\text{sgn}:\mathbf{R}\to\{-1,0,+1\}$是符号函数. 对于 $r\in\mathbf{R}$,当 $r<0$ 时, $\text{sgn}(r)=-1$;当 $r=0$ 时,$\text{sgn}(r)=0$;当 $r>0$ 时,$\text{sgn}(r)=+1$.

剖分中的一条棱称为全标棱,如果它的两个顶点的整数标号分别为 0 和 1. 这样的棱的顶点具有 0,1 全部两个标号,因而得名. 剖分中的一个三角形称为全标三角形,如果它的顶点具有 0,1 全部两个标号. 很明显,有一条棱是全标棱的三角形就是全标三角形,反之亦然. 由整数标号法及 f 在有限区域内的一致连续性易知,直径足够小的全标棱或全标三角形可以作为 f 的近似零点. 这里要注意,直径足够小的棱和三角形都位于 t 很小的地方.

因为三角形有三个顶点,而标号只有 0,1 两种,所以全标三角形都正好有一对顶点的标号相同,从而全标三角形都正好有一对全标棱.

3.2.4 互补转轴算法

算法将产生由全标三角形组成的一个无穷序列,顺次的两个全标三角形相连接,连接面是它们的公共全标棱. 从一个全标三角形到下一个全标三角形的运算,是越过它们的公共全标棱

的所谓转轴运算.

记 $y_0(0)=(1,0)$, $y_1(0)=(1,1)$,则由整数标号法可知,$y_0(0)$的标号为 0,$y_1(0)$的标号为 1,并且 $\tau(0)=\langle y_0(0), y_1(0)\rangle$ 是位于 $t=1$ 的唯一的全标棱.算法的思想非常简单:如图 3.2 所示,从$\tau(0)$出发向下走,遇到全标棱就穿过去.具体写下来就是:

步 0　记 $\sigma(1)$是以 $\tau(0)$为棱的唯一的三角形,其不属于 $\tau(0)$的顶点为 $y^+=(t^+, x^+)$,置 $k:=1$.

步 1　计算 $f(x^+)$和 $l=l(y^+)$.若$|f(x^+)|$足够小,x^+就是所求的 f 的数值零点,停机.否则,记$\sigma(k)$中另外一个标号也是 l 的顶点为 y^-,三角形 $\sigma(k)$中与 y^-相对的棱为$\tau(k)$,$\sigma(k+1)$是剖分中与$\sigma(k)$共有 $\tau(k)$棱的唯一的三角形,其不属于 $\tau(k)$的顶点为新的 y^+,置 $k:=k+1$,回步 1.

所谓互补,就是若新顶点标号为 l,就把旧顶点中标号为l 的顶替掉.所以,对于任何 $k\in \mathbf{Z}_+$,$\tau(k)$总是全标棱,$\sigma(k)$总是全标三角形.因为全标三角形都恰有一对全标棱,一个作为进口,则另一个就是出口,所以执行步 1 的计算在得到符合预定精度要求的数值零点之前可以一直进行下去.当到达直径足够小的全标棱时,即当 t 足够小时,f 的数值零点就得到了.

因为每个三角形只允许通过一次,从图 3.2 上又可以看出,只要计算是有界的,就一定可以得到符合任何预定的精度要求的数值零点.事实上,在有界的条件下,任何一条具体的水平线 $t=2^{-k}$以上的三角形数目有限.既然算法可以一直进行下去,每个三角形又只能通过一次,就一定要跑到 $t=2^{-k}$以下的全标棱和全标三角形上去.当 k 足够大时,这些全标棱和全标三角形已经很小,可以作为 f 的数值零点.所以,单纯同伦算法的计算收敛性讨论,主要归结为讨论保证计算有界的条件.

3.2.5 同伦的过程

现在回过头来看看,同伦在哪里?

其实,在 $t=1$ 处我们用了恒同映射 $g(x)\equiv x$ 作为辅助映射,可以说是从恒同映射的已知零点出发,通过整数标号的互补转轴运算来寻求目标映射 f 的数值零点.但若按照

$$H(t,x)=tx+(1-t)f(x)$$

来确定同伦 $H:[0,1]\times\mathbf{R}\to\mathbf{R}$,那么整数标号法就比较复杂,而且这种复杂是不必要的.我们是按照

$$H(t,x)=\begin{cases}(2t-1)x+(2-2t)f(x), & (t,x)\in\left[\dfrac{1}{2},1\right]\times\mathbf{R},\\ f(x), & (t,x)\in\left[0,\dfrac{1}{2}\right]\times\mathbf{R}\end{cases}$$

来确定同伦 $H:[0,1]\times\mathbf{R}\to\mathbf{R}$ 的.这时前述整数标号法可以统一地表示为

$$l(t,x)=\max\{0,\operatorname{sgn} H(t,x)\}.$$

这个同伦的伦移实际上在 $\frac{1}{2}\leqslant t\leqslant 1$ 这一段就完成了.因为在 $\frac{1}{2}<t<1$ 中没有剖分的顶点,所以,这是一个并不显现的同伦.

本章整数标号法所使用的同伦都是这样的并不显现的同伦.

在上面的叙述中,辅助函数取为 $g(x)=x$,所以计算从 g 的零点即原点附近开始.如果取辅助函数为 $g(x)=x-c$,那么计算将从 $x=c$ 附近开始.就整数标号法而言,就是当 $t=1$ 时改为 $l(1,x)=\max\{0,\operatorname{sgn}(x-c)\}$.

1 维原型只是沿辅助参数 t 方向展开了的对分区间法,但却

很好地说明了单纯同伦算法的数学思想. 细析算法，只有“记$\sigma(k+1)$是剖分中与$\sigma(k)$共有$\tau(k)$棱的唯一的三角形，其不属于$\tau(k)$的顶点为新的y^+”语句未焉其详. 事实上，当转向n维的一般情形时，算法的叙述仍保持原样，需要解决的主要只是由$\sigma(k)$和$\tau(k)$确定$\sigma(k+1)$的规则，即由$\sigma(k)$和y^-确定y^+的规则.

3.2.6　整数标号单纯同伦算法的可行性

整数标号单纯同伦算法的目的是寻找全标单纯形. 算法过程能否顺利进行下去，就是该算法的可行性.

早在库恩论文发表之前十年，旅美中国数学家樊畿就在美国《组合数学》杂志上发表论文使用进口、出口分析. 樊畿的论文说：设想有一座大房子，里面有许多小房间，如果每个房间顶多只有两个门，整个大房子只有一个对外的门，那么大房子里一定有只有一个门的所谓好房间. 为了论证，樊畿规定了一种“走法”：从大房子唯一的门进去，每个门只许走过一次，就一定走到好房间. 为什么？因为每个房间顶多两个门，所以顶多进一次出一次，穿过之后就不能再回来. 如果一直找不到好房间，而大房子内房间数目有限，那么最后只能走出大房子. 可是根据假设，大房子只有一个已经用作进口的门，没有第二个门，又要出来，又没有出口，这就导致矛盾. 所以，按照樊畿的“走法”，一定可以找到好房间.

反证法通常不是构造性的，但樊畿设计了他的“走法”，在此基础上的反证法论证，就是构造性的了，因为他告诉你具体的走法，保证你能找到好房间.

在樊畿的论文以后，进口、出口分析就风行一时，体现了组合数学的魅力. 樊畿的“走法”，就是人们所讲的“算法”. 至于库恩算法,则又进了一步:房间数目无限.这时,全标三角形就是门,全标三角形越小,它所在的"房间"就越好.

这样,就保证了整数标号单纯同伦算法的可行性.

§3.3 向量标号单纯同伦算法的翼状伸延道路

本书作者研究向量标号单纯同伦算法时,有一项"初识庐山真面目"的心得.访问美国耶鲁大学时,专门向单纯同伦算法的创始人斯卡夫报告,斯卡夫表示惊喜和赏识.

我们在研究向量标号单纯同伦算法的可行性问题时发现,单纯同伦算法迄今著作中都包含的正则性假设和小扰动技巧,在同伦方法的更合理的理论框架中,完全可以舍弃.为什么?因为向量标号单纯同伦算法存在着翼状伸延道路.

3.3.1 整数标号单纯同伦算法和向量标号单纯同伦算法

我们知道,单纯同伦算法的基本思想,是跟踪同伦的单纯逼近的零点集 $\Phi^{-1}(0)$.整数标号算法无疑是很有价值和具有很多优点的算法,但算法的实施却并不是一直沿$\Phi^{-1}(0)$进行的.

对于一个 n 维的问题,整数标号法是对每点确定 $N_0=\{0,\cdots,n\}$中的一个整数,$n+1$ 个顶点正好被赋予 $n+1$ 个不同标号的单纯形称为全标单纯形.每个顶点 y 的整数标号由 $f(y)-y$位于原点的"哪个方向"来确定,一旦标号获得,$f(y)$的其他信息就丧失殆尽.所以,最后只能证明全标单纯形离不动点不远了,而不能保证全标单纯形中必有不动点.为了保留映射计值所获得的 $f(y)$的全部信息,向量标号法对每个点确定一个向量.具体来说,点 y 的向量标号为 $f(y)-y$. $n+1$ 个顶点的所有标号向量的凸包正好把原点包住的单纯形,称为完全单纯形.如

果 f 是任意一个单值连续映射,仍不能保证完全单纯形上有 f 的不动点,但若 f 是一个单纯映射,即分片线性映射,也即若 f 在每个单纯形上是线性的话,全标单纯形就确实包含了 f 的一个不动点.

整数标号全标单纯形离 $\Phi^{-1}(0)$不远,但并不保证完全单纯形与 $\Phi^{-1}(0)$之交非空.本节将要介绍的向量标号完全单纯形,才是与 $\Phi^{-1}(0)$的距离等于 0 的单纯形,这里将要展开的向量标号单纯同伦算法,才是切实沿 $\Phi^{-1}(0)$走的算法.向量标号单纯同伦算法不仅有很多优点,特别还是迄今仅有的计算上半连续集值映射的不动点或零点的有效算法.

3.3.2　向量标号与完备单纯形

如前,设 $H:[0,1]\times\mathbf{R}^n\to\mathbf{R}^n$ 是连接辅助映射 $g=H(1,\cdot):\mathbf{R}^n\to\mathbf{R}^n$ 和目标映射 $f=H(0,\cdot):\mathbf{R}^n\to\mathbf{R}^n$ 的适当的同伦,T 是$(0,1]\times\mathbf{R}^n$ 的适当的渐细单纯剖分,$\Phi:[0,1]\times\mathbf{R}^n\to\mathbf{R}^n$ 是 H 关于 T 的单纯逼近或分片线性逼近.首先引入向量标号和向量标号完全单纯形的概念.

为了下面叙述的方便,我们引进标号空间的说法.$n+1$ 维欧氏空间 $\mathbf{R}^{n+1}$的 $n+1$ 个标架向量张成的闭单纯形,称为 n 维标准单纯形,记作 S^n.设 S 是 n 维标准单纯形 S^n 或 n 维欧氏空间 $\mathbf{R}^n$,称 $S-S=\{x-x'|x,x'\in S\}$所生成的线性子空间为 S 的自映射的标号空间,记作 V.显然,当 $S=S^n$ 时,V 是 $\mathbf{R}^{n+1}$中与 $\mathbf{R}^n$ 线性同胚的一个线性子空间,当$S=\mathbf{R}^n$ 时,V 就是 $\mathbf{R}^n$.下面,都赋予 V 以 $\mathbf{R}^n$ 的结构.

定义 3.8　设 S 是 n 维标准单纯形或 n 维欧氏空间,$f:S\to S$ 是 S 的一个自映射.称由 $l(x)=f(x)-x(x\in S)$确定的映射

$l:S\to V$ 为由 f 确定的向量标号法. 对于每点 $x\in S$, $f(x)-x$ 称为 x 的向量标号.

定义 3.9 设 $f:S\to S$ 及 $l:S\to V$ 如定义 3.8, G 是 S 的一个单纯剖分, $\sigma\in G$. 称 $(n+1)\times(n+1)$ 矩阵

$$\boldsymbol{L}_\sigma=\begin{pmatrix} 1 & \cdots & 1 \\ \vdots & & \vdots \\ l(y^0) & \cdots & l(y^n) \end{pmatrix}$$

为 $\sigma=\langle y^0,\cdots,y^n\rangle$ 的标号矩阵.

定义 3.10 设 f, l, G 和 L_σ 如定义 3.8 及定义 3.9, 称 $\sigma\in G$ 为完全单纯形, 如果线性方程

$$\boldsymbol{L}_\sigma\boldsymbol{w}=v^0, \boldsymbol{w}\in\mathbf{R}_+^{n+1}$$

有解, 其中 $\boldsymbol{v}^0=(1,0,\cdots,0)^{\mathrm{T}}$.

定理 3.2 设 f, l, G 和 $\boldsymbol{L}_\sigma$ 如定义 3.8 和定义 3.9, $\sigma=\langle y^0,\cdots,y^n\rangle\in G$, f 在 $\bar{\sigma}$ 线性, 则 f 在 $\bar{\sigma}$ 有不动点, 当且仅当 σ 是完全单纯形. 事实上, 设 $\boldsymbol{w}\geqslant\mathbf{0}$ 是 $\boldsymbol{L}_\sigma\boldsymbol{w}=\boldsymbol{v}^0$ 的解, 则 $x^0=\sum\limits_{i\in N_0}w_iy^i$ 是 f 在 $\bar{\sigma}$ 的一个不动点.

记 $\mathbf{R}^{n+1}$ 的标架向量为 $\boldsymbol{e}^0,\cdots,\boldsymbol{e}^n$, 即 $\boldsymbol{e}^0=(1,0,\cdots,0)^{\mathrm{T}},\cdots,\boldsymbol{e}^n=(0,\cdots,0,1)^{\mathrm{T}}$.

下面设 T 是 $(0,1]\times\mathbf{R}^n$ 的渐细单纯剖分, T^n 是 T 的 n 维骨架, 即 T 的所有单纯形的所有 n 维面的集合.

定义 3.11 称 $\tau\in T^n$ 为完全界面, 如果线性方程

$$\boldsymbol{L}_\tau\boldsymbol{w}=\boldsymbol{e}^0, \boldsymbol{w}\in\mathbf{R}_+^{n+1}$$

有解. 称 $\sigma\in T$ 为完全单纯形, 如果它有一个界面是完全界面.

下面是说明完全单纯形抓住了 $\Phi^{-1}(0)$ 的定理:

定理 3.3 $\tau\in T^n$ 是完全界面的充要条件是

$$\tau \cap \Phi^{-1}(0) \neq \varnothing.$$

要知道,完全单纯形并不能成为单纯转轴算法的足够好的基础.回忆整数标号情形,单纯转轴算法的可行性建立在全标单纯形都恰有一对全标界面的基本事实之上.而现在,完全单纯形的完全界面却可以超过 2.例如,设 $\langle y^0, y^1, y^2, y^3 \rangle$ 是 $(0,1] \times \mathbf{R}^2$ 的某个单纯剖分中的一个四面体(图 3.3),$\Phi: [0,1] \times \mathbf{R}^2 \to \mathbf{R}^2$ 是关于这个剖分的单纯映射,那么只要 $\Phi(y^0)=0$,这个完全四面体就至少有 3 个完全三角形界面(哪 3 个?读者马上可以指出),只要 $\Phi(y^0)=\Phi(y^i)=0$,这个完全四面体的每个界面就都是完全三角形.事实上,容易说明,$n+1$维完全单纯形的完全界面的数目,可以是 $2,3,\cdots,n+1,n+2$ 中的任何一个.

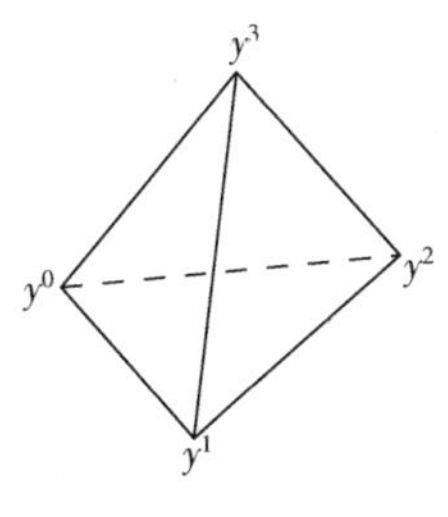

图 3.3

完全单纯形的优点是抓住了 $\Phi^{-1}(0)$,缺点是可能有超过 2 个的完全界面.下面我们将知道,完全单纯形中有一类所谓完备单纯形,性质就比较好.一方面,完备单纯形是完全单纯形,所以仍然是抓住了 $\Phi^{-1}(0)$;另一方面,完备单纯形都恰有一对完备界面.这使完备单纯形有资格成为按照转轴运算的原则沿着 $\Phi^{-1}(0)$进行的单纯同伦方法的理想的载体.什么是完备单纯形?

定义 3.12　设 f, l, G 和 $\boldsymbol{L}_\sigma$ 如定义 3.8 及 3.9,$\boldsymbol{I}$ 为$n+1$阶单位方阵.称 $\sigma \in G$ 为完备单纯形,如果线性方程

$$\boldsymbol{L}_\sigma \boldsymbol{W} = \boldsymbol{I}, \boldsymbol{W} \succeq \boldsymbol{0}$$

有解.其中,$\boldsymbol{W} \succeq \boldsymbol{0}$ 表示矩阵 $\boldsymbol{W}$ 是字典式非负的,即 $\boldsymbol{W}$ 的每行都不全为 0,每行的头一个非零元素都大于 0.

显然,完备单纯形必是完全单纯形,所以完备单纯形的闭包中必有 f 的不动点——只要 f 在该单纯形上是线性的.

下面,回到利用同伦方法求零点的问题上,其可能存在的问题是,Φ 的零点集 $\Phi^{-1}(0)$ 可能相当复杂,特别是并不都由简单折线组成,这就使得"沿着 $\Phi^{-1}(0)$ 的折线走",成为一件难以把握的事情.

3.3.3 零点集的困难

Φ 的零点集 $\Phi^{-1}(0)$ 可能相当复杂,指的是 $\Phi^{-1}(0)$ 不但不是由简单折线组成,而且在维数上也不整齐. $\Phi^{-1}(0)$ 在这里可能是 0 维,在那里可能是 1 维,在别的地方可能是 2 维、3 维,一直到 $n+1$ 维. 具体来说,$\Phi^{-1}(0)$ 一般是一个变维数复形的多面体(polyhedron of a simplicial complex of variable dimensions).

$\mathbf{R}^n$ 中 $p+1$ 个仿射无关的点 $a^0,\cdots,a^p$ 的凸包的相对内部,是一个 p 维单纯形. 单纯形有良好的几何性质. 首先,用一个超平面去切一个单纯形,切痕(交)必是一个单纯形. 其次,在 $\mathbf{R}^m$ 中用一个 p 维超平面去切一个 m 维单纯形,只要切着了,切痕(交)不但是一个单纯形,而且一定是一个 p 维单纯形. 这样两个简单的几何事实,在下面的讨论中将起重要作用. 除了单纯形以外,球体的几何性质也很好. 但是,尺寸一致的单纯形可以分割空间,球体却不能.

前已述及,如果 σ 和 τ 都是单纯形,并且 τ 的顶点都是 σ 的顶点,就说 τ 是 σ 的一个面(face). 如果 τ 是 σ 的面,并且 τ 的维数比 σ 的维数小 1,就特别称 τ 是 σ 的一个界面(facet). 按照上述定义,σ 也是 σ 的面. 所以,有时我们把 σ 的异于自身的面,叫作真面. 例如,设 $\sigma=\langle a^0,a^1,a^2\rangle$,那么 σ 有 7 个面,其中 6 个真面

是$\langle a^0,a^1\rangle$,$\langle a^1,a^2\rangle$,$\langle a^2,a^0\rangle$和$\langle a^0\rangle$,$\langle a^1\rangle$,$\langle a^2\rangle$,前面 3 个是 σ 的界面.

因为我们采用相对开的单纯形的概念,所以若干单纯形正则相处,指的是它们在几何上互不相交.正则相处的若干单纯形组成的集合 T 如果满足下述条件:设 σ 是 T 的元素,而 τ 是 σ 的面,那么 τ 也是 T 的元素,T 就叫作一个单纯复合形,简称复形.复形中维数最高的单纯形的维数,就叫作复形的维数.

复形是一个代数对象,其元素是单纯形.作为一个几何体,单纯形是一个点集.复形中全体元素(单纯形)作为点集的并,叫作该复形的多面体(polyhedron).反过来,复形叫作它的多面体的单纯剖分.所以,做单纯剖分,就是把空间(多面体)分割成几何性质很好的单纯形.

如果一个 p 维复形的每一个元素都是某个 p 维元素的面,就称这个复形是齐次的 p 维复形.$[0,1]\times\mathbf{R}^n$ 的任何单纯剖分,都是一种特别好的齐次的 $n+1$ 维复形.对于齐次复形,我们约定单纯形专指它的最高维的元素,这些单纯形的面和界面,都称为复形的面和界面.这样,$[0,1]\times\mathbf{R}^n$ 的任一单纯剖分的每个(n 维)界面,顶多是两个($n+1$ 维)单纯形的面.具体来说,$[0,1]\times\mathbf{R}^n$ 的单纯剖分的界面有两种:位于$[0,1]\times\mathbf{R}^n$的边界$\{0,1\}\times\mathbf{R}^n=\{0\}\times\mathbf{R}^n\cup\{1\}\times\mathbf{R}^n$ 的每个界面都只是一个单纯形的面,其余的每个界面都恰好同时是一对单纯形的面.这是$[0,1]\times\mathbf{R}^n$ 的单纯剖分的主要性质.

相反,如果在一个 p 维复形中,有一个顶点(0 维单纯形)不是任何一个 p 维单纯形的面,就说这个复形是一个变维数复形.

现在我们证明:本章第一节定义的映射 Φ 的零点集$\Phi^{-1}(0)$,一定是一个复形的多面体.

设 $\tau\in T$,总可以找到 T 中一个 $n+1$ 维单纯形 σ,使得 τ 是 σ 的面.在 σ 上,$\Phi|_\sigma:\sigma\to\mathbf{R}^n$ 是仿射映射.因为 $\sigma\subset[0,1]\times\mathbf{R}^n\subset\mathbf{R}\times\mathbf{R}^n$,$\Phi|_\sigma:\sigma\to\mathbf{R}^n$ 可以仿射地扩张为 $F:\mathbf{R}\times\mathbf{R}^n\to\mathbf{R}^n$.因为 F 是仿射映射,其核 $F^{-1}(0)$ 就是 $\mathbf{R}\times\mathbf{R}^n$ 中的一个超平面.显然,$\Phi^{-1}(0)\cap\tau=F^{-1}(0)\cap\tau$,等式右端作为超平面与单纯形的交,仍是一个单纯形.

因为 T 中各维单纯形都正则相处,即都不相交,就得到 $\Phi^{-1}(0)$ 的一个分割 $\Phi^{-1}(0)=\bigcup\limits_{\tau\in T}(\Phi^{-1}(0)\cap\tau)$,所以 $\Phi^{-1}(0)$ 是复形 $\{\Phi^{-1}(0)\cap\tau:\tau\in T\}$ 的多面体.证毕.

那么,$\Phi^{-1}(0)$ 的困难在哪里呢?在于它通常是一个变维数复形的多面体!而且,即使 $\Phi^{-1}(0)$ 的某个部分是齐次 1 维的,这个部分也不一定由简单折线组成.例如在图 3.4 的 $n=1$ 的情形,设 $\Phi:[0,1]\times\mathbf{R}\to\mathbf{R}$ 在剖分 T 的顶点上取值如图所示,就可知 $\Phi^{-1}(0)$ 如粗黑线和阴影所示,是分成 6 个连通片的一个变维数复形的多面体,在不同的地方的维数分别是 0,1 和 2.对于一般的 n,$\Phi^{-1}(0)$ 在不同的地方可以分别具有维数 $0,1,\cdots,n+1$.在图 3.4 中,遇到分叉交叉,究竟往哪里走好呢?更不必说遇上高于 1 维的部分了.这种不知道往哪里走的不确定性,破坏了 $\Phi^{-1}(0)$ 只由简单折线组成的设想,破坏了沿折线走的算法的可行性.这就是零点集 $\Phi^{-1}(0)$ 的困难.

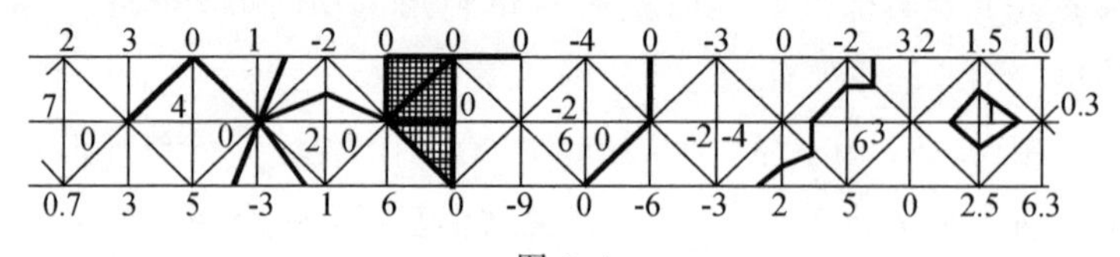

图 3.4

3.3.4 理想化假设和小扰动技巧

单纯同伦算法的直接激励,是沿着 Φ 的零点集 $\Phi^{-1}(0)$走.但是这有困难,因为 $\Phi^{-1}(0)$并不只由不分叉的简单折线组成.为使 $\Phi^{-1}(0)$只包含不分叉的简单折线,数学家们提出 $\Phi^{-1}(0)$不和 T 的低维面相交的理想化假设[3,4].前已约定,剖分 T 的"单纯形"专指 $n+1$ 维单纯形,"界面"专指 n 维面,现在把维数低于 n 的面,都统称为"低维面".这时易知,在 $\Phi^{-1}(0)$不和剖分 T 的低维面相交的理想化假设之下,对于上节证明中由 $\Phi|_\sigma:\sigma\to\mathbf{R}^n$ 仿射扩张而得的仿射映射$F:\mathbf{R}\times\mathbf{R}^n$,其零点集 $F^{-1}(0)$必须是 1 维的一条直线.这样一来,$\Phi^{-1}(0)$就一定是一个维数不超过 1 的复形的多面体,于是 $\Phi^{-1}(0)$只由若干简单折线组成.

事实上,在理想化假设之下,$\Phi^{-1}(0)$的折线和一个界面的交,必定是界面的内点.这是不发生交叉和分叉的几何保证.进一步,因为折线和各界面的交点必是该界面的内点,所以按照 $[0,1]\times\mathbf{R}$ 的单纯剖分的主要性质,除了折线走到$\{0\}\times\mathbf{R}^n$ 或 $\{1\}\times\mathbf{R}^n$ 的情形以外,折线是不会中途停下来的.由此可见,如图 3.5所示,在理想化假设之下,$\Phi^{-1}(0)$的每个连通分支,都是简单折线.沿着这些折线走,在数学上说来是完全确定的事,也就是说,算法的可行性成立.剩下的问题,是从 $t=1$ 处开始的折线是否到达 $t=0$ 处.这已超出关于可行性的论题,属于计算收敛性讨论的范围.只要这些折线是有界的和单调的,计算收敛性就成立.

理想化假设是否合理呢?对此,数学家仿照萨德(Sard)定理证明了,在某种意义上说,$\Phi^{-1}(0)$不和 T 的低维面相交,是一个满概率(full probability)事件.换言之,不理想的情况虽然可

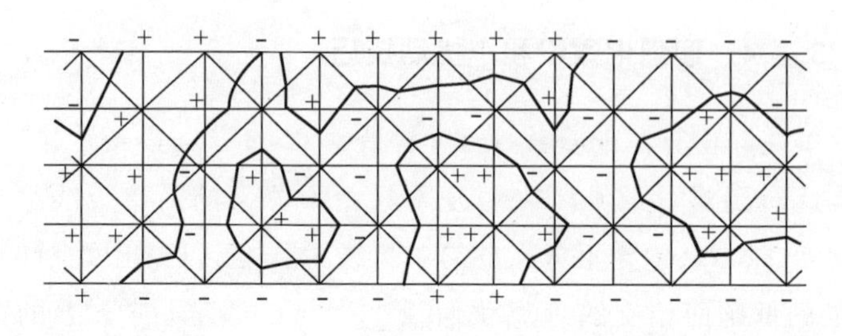

图 3.5

能发生,但是发生的概率等于 0. 这个证明的思想在几何上是清楚的:首先,适当选取辅助映射,可以使得 Φ 在 $t=1$ 处的零点不和 T 的低维面相交. 这样一来,$t=1$ 处的每个界面内顶多只有一个零点,从而 Φ 在 $t=1$ 处的零点数目可数;然后,从 Φ 在 $t=1$ 上的每个零点出发,折线穿过一个 $n+1$ 维单纯形向对面的某个界面射去. 很明显,当折线以随机的方向这样射去的时候,射中 n 维界面的内部的概率是 1,射中低维面的概率是 0. 这样一段段射过去,每次射中低维面的概率都是 0,而折线这样一段段行进的过程当然是一个可数的过程,可数个零测度集合之并集还是测度为零的集合,所以每条折线遇上低维面的概率为 0. 另一方面,折线的数目可数,所以再用一次"可数个零测度集合之并集还是零测度集合",就知道只要适当选取辅助映射,理想化假设成立的概率应当是 1. 这就是关于理想化假设的合理性的数学论证.

另外一些数学家引进所谓小扰动技巧,来保证理想化假设成立. 什么叫小扰动? 在上述折线的随机行进之中,射中低维面的概率虽然是 0,但还是可能射中的. 射中了怎么办? 偏转一点点就是了. 低维面是不超过 $n-1$ 维的,而界面则是 n 维,界面在维数上占有绝对优势,所以,原来要射中低维面,只要把它扰动一点点,就可以不射中低维面了. 这样,必要时就扰动一下,就可以保证理想化假设成立.

理想化假设的提出,很有历史意义,这主要是使得问题变得可以把握.至于实际问题符合理想化假设的概率为 1 的论证,虽然在“机会均等”的前提下逻辑上站得住脚,却难以令人完全信服.现实世界同类事件的发生究竟是否“机会均等”,实在大可怀疑.以整数为例,因为整数集是无限的,如果机会均等,随机地选中任何预先指定的整数的概率理应是 0.但是读者不妨到大街上试试,恐怕抽样不到 100 人,就会有人说出“10”这个整数来.可见就这个“整数大街抽样”试验数学模型而言,机会均等的前提难以成立.数学本身也有这样的例子.如果把多项式和它的系数向量(或根向量)视同,在所有系数向量(或根向量)出现的概率都相等的前提下,很容易从逻辑上推论出在所有多项式之中,有重根的多项式所占的份额测度为 0 的结论.但是正如一些学者指出过的,实际问题中出现有重根的多项式的概率看来远远大于 0.至于小扰动技巧,不但理论上未尽人意,而且实际做起来也是一件麻烦的事.虽说按机会均等的假设,扰动成功的概率是 1,但是实际上失败的可能性却还不等于 0.

幸运的是,就向量标号单纯同伦算法来说,理想化假设其实是多余的,从而小扰动技巧也毫无必要.这是只盯着零点集$\Phi^{-1}(0)$的结果.眼光移开一点,天地就豁然开朗.我们将分述如次.

3.3.5　n 阶挠曲线揭真谛

设 ε 是一个正数.称

$$J(\varepsilon)=\{(s,s^2,\cdots,s^n)^{\mathrm{T}}\in\mathbf{R}^n:0<s<\varepsilon\}$$

为 $\mathbf{R}^n$ 中一段标准 n 阶挠曲线.这里,上标 T 表示向量转置.注意,我们对 $\varepsilon>0$ 的大小没有要求,也就是说,标准 n 阶挠曲线的实际伸延长度是无所谓的. 但是,它必须是以原点 0 为一端的那样一段曲线,而原点 0 在 $J(\varepsilon)$的上述表示式中理应相当于 $s=0$. 一段标准 n 阶挠曲线在非退化(nondegenerate)仿射变换下的像,称为一段 n 阶挠曲线. 当然,标准 n 阶挠曲线是 n 阶挠曲线.

关于 n 阶挠曲线的一个基本的几何事实是:如果某个单纯形包含一段 n 阶挠曲线,那么这个单纯形的维数至少是 n.

如前,设 T 是$[0,1]\times\mathbf{R}^n$ 的单纯剖分,$\Phi:[0,1]\times\mathbf{R}^n\to\mathbf{R}^n$ 是关于 T 的单纯映射或 PL 映射,即 Φ 在 T 的每个单纯形上都是仿射映射. 若 v 是剖分 T 的(单纯形的)一个顶点,就称 $\Phi(v)\in\mathbf{R}^n$ 是顶点 v 的向量标号. 若 $\tau=\langle v^0,\cdots,v^n\rangle$是 T 的一个界面,如果τ 的各顶点的向量标号 $\Phi(v^0),\cdots,\Phi(v^n)$的凸包包含 $\mathbf{R}^n$ 的原点 0,就说 τ 是一个完全界面(含零界面);如果 τ 的各顶点的向量标号的凸包包含一段标准 n 阶挠曲线,就说 τ 是一个完备界面(complete facet). 若 σ 是剖分 T 的一个单纯形,则当 σ 有含零界面时,称 σ 为含零单纯形;当 σ 有完备界面时,称 σ 为完备单纯形.

因为有限个点的凸包是闭集,所以完备界面一定是含零界面,完备单纯形一定是含零单纯形. 但是反之不然. 最简单的例子是:如果 $\Phi(v^0)=\cdots=\Phi(v^n)=0$,那么$\tau=\langle v^0,\cdots,v^n\rangle$是含零界面而不是完备界面. 事实上,当 $\Phi(v^0),\cdots,\Phi(v^n)$的凸包包含一段 n 阶挠曲线时,$\Phi(v^0),\cdots,\Phi(v^n)$一定仿射无关,所以它们张成一个 n 维单纯形$\langle\Phi(v^0),\cdots,\Phi(v^n)\rangle$. 这时,按照定义,注意单纯形和 $J(\varepsilon)$都是相对开的,就知道 $J(\varepsilon)\subset\langle\Phi(v^0),\cdots,\Phi(v^n)\rangle$. 可见,完备界面的特征(充分必要条件)是:它的 $n+1$ 个顶点的向量标号在 $\mathbf{R}^n$ 中仍然张成一个 n 维单纯形,并且这个单纯形内含一段标准 n 阶挠曲线. 此外,把 Φ 局限在完备界面 $\tau=\langle v^0,\cdots,$

$v^n\rangle$，就给出仿射同胚（affine homeomorphism）$\Phi|_\tau: \tau \to \Phi(\tau) = \langle \Phi(v^0), \cdots, \Phi(v^n) \rangle$.

值得注意的是，由于所说的界面和单纯形都是相对开的，所以含零界面和含零单纯形本身不一定有 Φ 的零点，但是其闭包上一定有 Φ 的零点. 同样，完备界面和完备单纯形的闭包上一定有 Φ 的零点.

至此我们知道，含零单纯形和完备单纯形都在闭包的意义上把 Φ 的零点抓住了，这为实现"沿着 Φ 的零点集 $\Phi^{-1}(0)$ 走"的想法展现了前景. 前已阐明，$\Phi^{-1}(0)$ 作为原点的原像可能相当复杂，如果没有理想化假设，$\Phi^{-1}(0)$ 本身并不是"沿 $\Phi^{-1}(0)$ 走"的良好基础. 这使我们转而考虑标准 n 阶挠曲线 $J(\varepsilon)$ 的原像 $\Phi^{-1}(J(\varepsilon))$. 有趣的是，虽然曲线 $J(\varepsilon)$ 比原点（只是一个点）复杂，但 $J(\varepsilon)$ 的原像 $\Phi^{-1}(J(\varepsilon))$ 却比原点的原像 $\Phi^{-1}(0)$ 便于把握. 正是关于 $\Phi^{-1}(J(\varepsilon))$ 的几何讨论，最终揭示了向量标号单纯同伦算法的无例外的可行性，再也不必求助于理想化假设和小扰动技巧.

3.3.6　完备单纯形都恰有一对完备界面

按照定义，含零单纯形都有含零界面. 那么，一个含零单纯形有几个含零界面呢？如果正好是一对，那么一个含零界面做进口，另一个含零界面做出口，算法就不会迷失方向，可行性就成立. 可惜不是这样. 上一节的简单例子中，含零单纯形的所有界面就都是含零界面. 这样，如果从一个含零界面进入了这个含零单纯形，再怎么走下去呢？有许多个"门口"要选择，难免无所适从.

完备单纯形却好得多，每个完备单纯形都不多不少正好有一对完备界面. 下面我们就通俗地说说这一证明的几何思想.

设 σ 是一个完备单纯形，那么按照定义，σ 已有一个完备界面，把它记作 τ. 这样，$J(\varepsilon)\subset\Phi(\tau)$ 对于某个 $\varepsilon>0$ 成立说明，$\Phi|_{\tau}:\tau\to\Phi(\tau)\subset\mathbf{R}^n$ 是一个仿射同胚映射，是一个满秩(full of rank)的仿射变换，从而 $\Phi|_{\sigma}:\sigma\to\mathbf{R}^n$ 是一个满秩的仿射变换.

σ 是 $n+1$ 维的单纯形，有 $n+2$ 个顶点和 $n+2$ 个界面. 记 σ 的拓扑边界(topological boundary)为 $\partial\sigma$，那么 $\partial\sigma$ 由这 $n+2$ 个界面和它们的低维面组成. $\Phi|_{\sigma}:\sigma\to\mathbf{R}^n$ 是从 $n+1$ 维空间到 n 维空间的满秩的仿射变换. 想象 σ 是一个有棱有角的凸球体，那么 Φ 把球壳或球面 $\partial\sigma$ 压平在 $\mathbf{R}^n$ 上. 因为 $J(\varepsilon)\subset\Phi(\tau)$，$\tau$ 是 $\partial\sigma$ 的一部分，所以 $\Phi(\partial\sigma)$ 把 $J(\varepsilon)$ 盖住. 但 Φ 把有棱有角的凸球面压平在 $\mathbf{R}^n$ 上并盖住 $J(\varepsilon)$，那就一定要两层都盖住. 必要时缩小 $\varepsilon>0$，就知道一定还有一个界面 τ'，使得 $J(\varepsilon)\subset\Phi(\tau')$. 所以，每个完备单纯形都有一对完备界面. 会不会有第三个完备界面呢? 不会. 否则 $\Phi(\partial\sigma)$ 就要三层覆盖在 $\mathbf{R}^n$ 上了，这将和 Φ 是满秩映射而 $\partial\sigma$ 是凸球面的事实矛盾.

3.3.7 非退化直纹面片

现在看看标准 n 阶挠曲线在完备单纯形中的原像.

设 σ 是完备单纯形，它的一对完备界面是 τ_1 和 τ_2，那么按定义，有正数 ε_1 和 ε_2，使得 $J(\varepsilon_i)\subset\Phi(\tau_i)(i=1,2)$. 取 $\varepsilon=\min\{\varepsilon_1,\varepsilon_2\}$，就有 $J(\varepsilon)\subset\Phi(\tau_1)\cap\Phi(\tau_2)$.

Φ 在 σ 上的局限 $\Phi|_{\sigma}:\sigma\to\mathbf{R}^n$ 是仿射的，可以唯一地扩张成全空间 $\mathbf{R}\times\mathbf{R}^n$ 上的仿射映射 $F:\mathbf{R}\times\mathbf{R}^n\to\mathbf{R}^n$. 由于 F 将 σ 的界面 τ_1 映成 $\mathbf{R}^n$ 中的 n 维单纯形 $\Phi(\tau_1)$，所以 F 映满整个 $\mathbf{R}^n$，从而这个仿射映射的核 $F^{-1}(0)$ 是 $\mathbf{R}\times\mathbf{R}^n$ 中的一条直线.

对于任何固定的 $s>0$，定义 $F_s:\mathbf{R}\times\mathbf{R}^n\to\mathbf{R}^n$ 为

$$F_s(t,x)=F(t,x)-(s,s^2,\cdots,s^n)^{\mathrm{T}},$$

那么 F_s 也是仿射的满映射，从而 $F_s^{-1}(0)$也是 $\mathbf{R}\times\mathbf{R}^n$ 中的一条直线. 按 F_s 的做法，我们知道对于 $0<s<\varepsilon$，直线 $F_s^{-1}(0)$和 $n+1$ 维单纯形 σ 之交非空. 这时，再注意 σ 是相对开的，就知道 $F_s^{-1}(0)\cap\sigma$ 是长度非零的开线段. 最后注意

$$\Phi^{-1}(F(\varepsilon))\cap\sigma=\bigcup_{0<s<\varepsilon}(F_s^{-1}(0))\cap\sigma,$$

就知道 $\Phi^{-1}(J(\varepsilon))$在 σ 中是一个直纹面片，只和 τ_1、τ_2 这两个界面相交，其交分别是 τ_1 和 τ_2 上的 n 阶挠曲线$\Phi^{-1}(J(\varepsilon))\cap\tau_1$和$\Phi^{-1}(J(\varepsilon))\cap\tau_2$，并且这个直纹面片是非退化的，即直纹面的每条直母线和 σ 的交都具有正的长度.

在每个完备单纯形中，$J(\varepsilon)$的原像是一个非退化直纹面片，恰和两个完备界面相交，交线是 n 阶挠曲线. 把这样一段段的非退化直纹面片接起来，就是向量标号单纯同伦算法的道路. 如果约定把 ε 看作可以逐段变化的小正数，那么可以说，标准 n 阶挠曲线 $J(\varepsilon)$的原像集 $\Phi^{-1}(J(\varepsilon))$中的连通分支，就是向量标号单纯同伦算法的道路.

完备单纯形都恰有一对完备界面. 如果完备界面在$\{0,1\}\times\mathbf{R}^n$ 上，则只属于一个完备单纯形；如果完备界面在$(0,1)\times\mathbf{R}^n$ 上，则属于一对完备单纯形. 这样，上述连通分支相应的完备界面和完备单纯形的交错序列(无限或有限)为

$$\cdots,\tau_{k-1},\sigma_k,\tau_k,\sigma_{k+1},\tau_{k+1},\cdots,$$

而作为点集，道路 $\Phi^{-1}(J(\varepsilon))$被完全包含在$[0,1]\times\mathbf{R}^n$ 的$n+1$维开集$\bigcup_i(\tau_i\cup\sigma_i)$中，从而，不同的道路互不相交. 每条道路与相应的序列$\cdots,\tau_{k-1},\sigma_k,\tau_k,\cdots$同步发展，构成一幅栩栩如生的图画.

图 3.6 是直纹面片的若干典型例子. 有趣的是，按定义，虽

然不包含边界的直纹面片 $\Phi^{-1}(J(\varepsilon))\cap\sigma$ 不退化，但是它的 $s=0$ 那一端的边界棱可以退化，如图 3.6(a)所示. 虽然直纹面片 $\Phi^{-1}(J(\varepsilon))$ 只和完备单纯形的一对界面相交，但它相应于 $s=0$ 的边界棱既可能不和任何界面相交，如图 3.6(a)、(b)所示，又可能和 3 个、4 个，…，甚至所有界面的闭包相交，如图 3.6(c)、(d)所示.

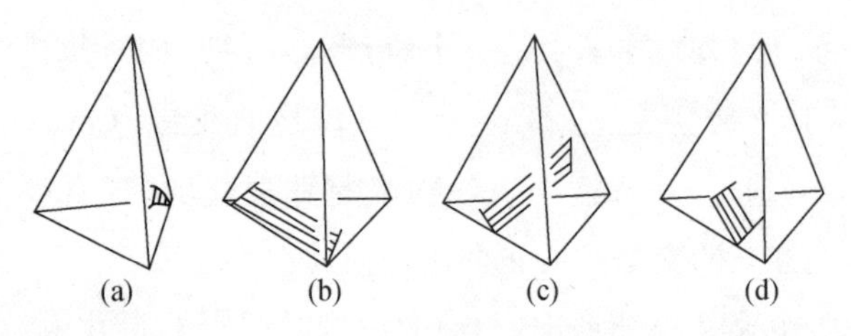

图 3.6

问题就在边界棱上. 正是因为总是盯着边界棱即算法的原始激励 $\Phi^{-1}(0)$ 上，人们才穷于应付，只好借助理想化假设和小扰动技巧. 现在转而观察 $\Phi^{-1}(J(\varepsilon))$，看起来离开 $\Phi^{-1}(0)$ 了，反而豁然开朗，得窥真谛. 这是 0 距离的转移，因为 $\Phi^{-1}(J(\varepsilon))$ 和 $\Phi^{-1}(0)$ 虽然并不相交，却紧紧挨着，

3.3.8 翼状二维结构使道路畅通

现在整体地看看非退化直纹面片的道路是怎样引导计算进行的. 图 3.7 是图 3.5 的继续，这时 $n=1$. 因为 $n=1$ 时的 $J(\varepsilon)$ 只是一个开区间，所以直纹面片 $\Phi^{-1}(J(\varepsilon))\cap\sigma$ 平坦，只从 $\Phi^{-1}(0)$ 向 Φ 值的正方向延长一点点，在图 3.7 中用波纹线表示，从图中可清楚地看到，$\Phi^{-1}(J(\varepsilon))$ 有 6 个简单的连通分支，可以作为可行计算的道路. 虽然只有两条道路从 $t=1$ 走到 $t=0$，但几何上不交叉和无分叉，保证计算的可行性对所有 6 条道路都成立. 至于

是否能从 $t=1$ 走到 $t=0$，是收敛性的问题，不是现在讨论的可行性问题.

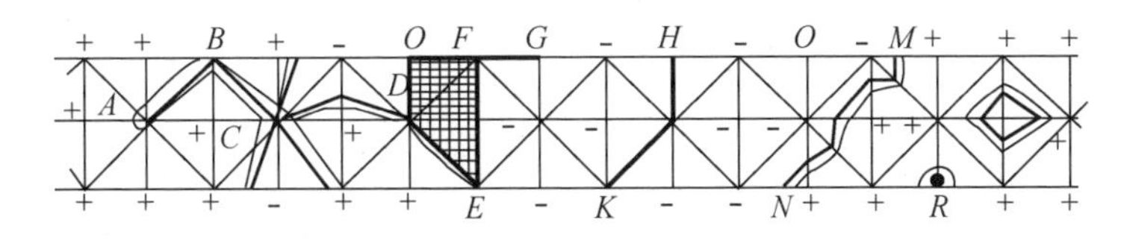

图 3.7

图 3.7 中的 C 点和 D 点，都是沿 $\Phi^{-1}(0)$走则让人无所适从的地方，现在 $\Phi^{-1}(J(\varepsilon))$揭示了道路之所在，泾渭分明，畅通无阻. 如果像以前那样认 $\Phi^{-1}(0)$作道路，那么 AB 棱和 CB 棱其实各被走了两次（在 $n>1$ 情形，可以被走过更多次）. 这些无所适从和重复使用的情况，正是可行性困难的根源. 现在转而以 $\Phi^{-1}(J(\varepsilon))$为道路，一切迎刃而解.

当 $n>1$ 时，每个非退化直纹面片都是挠曲的，宛如一片飞机翅膀，不再平坦. 所以，我们把 $\Phi^{-1}(J(\varepsilon))$叫作分段翼状道路. 它们像高架公路系统. 零点集 $\Phi^{-1}(0)$作为高架公路系统的边界棱，重合在一起，但是相应的分段直纹面片“公路”，却能顺利地擦边而过，相安无事.

这是多么美妙的高架公路系统. 紧盯着算法的直接激励 $\Phi^{-1}(0)$，使人们的眼睛长期蒙上迷雾. 只有把着眼点从 $\Phi^{-1}(0)$移到$\Phi^{-1}(J(\varepsilon))$，从含零单纯形移到完备单纯形，从 1 维折线移到 2 维分段翼状道路，才能洞察向量标号单纯同伦算法机制的真面目.

总结以上讨论，对于向量标号单纯同伦算法来说，不管用什么办法找到了一个完备界面，随后的全部计算就在完备界面和完备单纯形的完全确定的交错序列中进行. 这就是无例外可行性的含义.在辅助层,人们有充分的自由形成需要的完备界面.这就为向量标号单纯同伦算法的有效使用开创了广阔的天地.

$\Phi^{-1}(0)$作为原点这一个点的原像可能相当复杂,$\Phi^{-1}(J(\varepsilon))$作为标准 n 阶挠曲线的原像却整齐得多、规律得多.与原点相比,$J(\varepsilon)$当然复杂得很,但是它的原像却反而具有清晰得多的几何构造.这种迎难反易的“反变”现象,道理既深刻又简单,就留给读者去玩味吧.

3.3.9 转轴运算

前面的全部讨论都是几何方面的.数学思维喜欢几何,机器实现依赖代数.在计算机上实现分段翼状道路的算法,就不免需要代数的描述.为了使讨论更完整,下面介绍代数描述,这也便于使用向量标号单纯同伦算法的读者自行编制计算程序或开发软件.这个介绍是粗略的,有兴趣的读者可以看进一步的参考文献.

首先指出,完备界面 $\tau=\langle v^0,\cdots,v^n\rangle$的代数特征(充分必要条件)是线性方程

$$\boldsymbol{L}_\tau \boldsymbol{W}=\boldsymbol{I}, \boldsymbol{W}>\boldsymbol{0}$$

有可行解,这里,$n+1$ 阶方阵

$$\boldsymbol{L}_\tau=\begin{pmatrix} 1 & \cdots & 1 \\ \vdots & & \vdots \\ \Phi(v^0) & \cdots & \Phi(v^n) \end{pmatrix}$$

为界面 τ 的标号矩阵,$\Phi(v^i)$为顶点 v^i 的向量标号,$\boldsymbol{I}$ 为$n+1$阶单位方阵,$\boldsymbol{W}>\boldsymbol{0}$ 表示 $n+1$ 阶矩阵 $\boldsymbol{W}$ 是字典式非负的,即 $\boldsymbol{W}$ 的每行都不全为 0,每行的头一个非零元素都大于 0.

对单纯形重心坐标和范德蒙行列式比较熟悉的读者,容易

自己写出证明.

在完备界面和完备单纯形组成的计算序列

$$\cdots,\tau_{k-1},\sigma_k,\tau_k,\sigma_{k+1},\tau_{k+1},\cdots$$

中,若计算已到达 $\tau_k=\langle v^0,\cdots,v^n\rangle$,那么单纯形 σ_{k+1} 还有另外 $n+1$个界面. 问题是如何确定哪一个是唯一的另一个完备界面. 注意我们已有

$$\boldsymbol{L}_{\tau_k}\boldsymbol{W}=\boldsymbol{I},\boldsymbol{W}>\boldsymbol{0}$$

所以 $\boldsymbol{W}=\boldsymbol{L}_{\tau_k}^{-1}$. 设 σ_{k+1} 和 τ_k 相对的唯一顶点是 v,计算$\boldsymbol{W}\begin{pmatrix}1\\ \Phi(v)\end{pmatrix}$,得到一个 $n+1$ 维列向量. 用这个列向量中的正元素除 $\boldsymbol{W}$ 的相应各行,除得的各行中有唯一的一行是字典式最小的,设这一行是第 j 行,那么 τ_{k+1} 就是 σ_{k+1} 和顶点 v^j 相对的那个界面,即 $\tau_{k+1}=\langle v^0,\cdots,v^{j-1},v,v^{j+1},\cdots,v^n\rangle$. 所谓行 $a=(a_0,a_1,\cdots,a_n)$ 比行 $b=(b_0,b_1,\cdots,b_n)$ 字典式小,就是按 $j=0,1,\cdots,n$ 的次序比较 a_j 和b_j,头一对比出大小的是 $a_j<b_j$. 这样比出来字典式最小的行是唯一的,否则,$\boldsymbol{W}$ 的各行就将线性相关,和 $\boldsymbol{W}$ 满秩的事实矛盾.

上述从 τ_k,σ_{k+1} 得到 τ_{k+1} 的做法,称为转轴(pivoting)运算. 从代数观点来说,就是类似意义的矩阵方程

$$\boldsymbol{L}_{\sigma_{k+1}}\boldsymbol{W}=\boldsymbol{I},\boldsymbol{W}\geq\boldsymbol{0}$$

有一对基础可行解,相当于$(n+1)\times(n+2)$矩阵 $\boldsymbol{L}_{\sigma_{k+1}}$ 有两组基底. 转轴运算就是从基底 $\boldsymbol{L}_{\tau_k}$ 转移到基底 $\boldsymbol{L}_{\tau_{k+1}}$ 的运算. 这种矩阵基底字典式取主元转移的做法,最早出现在线性规划单纯形算法(simplex method of linear programming)的文献中. 从单纯形 σ_k 翻过界面 τ_k 到达新的单纯形 σ_{k+1},就是所谓转轴运算.

最后指出,前面的多项式求根的攀藤算法,用的是整数标号

法,给每个顶点标记一个整数. 现在用向量标号法,就是给每个顶点 v 标记一个向量 $\boldsymbol{\Phi}(v)$. 整数标号算法没有可行性的麻烦,可惜它不能对付数理经济学的集值映射(set-valued mappings)的计算问题. 至于转轴运算做法,除了一个用标号整数顶替,一个用矩阵基底转移之外,其余完全一样. 它们都是单纯同伦算法.

反复做矩阵运算,本来是可怕的事情. 好在向量标号单纯同伦算法中的矩阵运算,除了列置换之外,就是每次后乘(postmultiply)一个特别简单的矩阵. 这属于算法实施的专门细节讨论,本书限于篇幅,集中于问题的几何方面,就只好割爱了. 数学家总爱追求他的论题的美学价值. 几何实在很美.

四　连续同伦方法的应用实例:多复变罗歇定理的证明

早在 20 世纪 70 年代,凯洛格、李天岩和约克发表的论文《计算布劳威尔不动点的连续方法》,标志着连续同伦方法的开创. 连续同伦方法的应用前景极为广阔. 高堂安和本书作者利用它来证明了复变函数中的多复变罗歇定理,其证明过程极为简单,其方法引起了该领域专家的兴趣. 作为连续同伦方法的应用实例,我们将先介绍同伦方法所依据的主要定理,然后介绍多复变罗歇定理.

§4.1　同伦方法依据的基本定理

五个人从游泳池的出发端跳下去,以一致大于零的速度向前游去. 如果他们都不接触池侧,请问有多少个人可以到达终点端?

答案当然是五. 因为这五个人既不会回到出发端,又不会接触池侧,他们总是向前游,速度总是大于一个正的常数,焉有不到达终点端的道理?

上面这个"儿童小问答",可以大致说明在函数值分布(value distribution)讨论中的同伦方法的要义. 请记住这个简单的问答. 因为我们可以说下面的论证只是这个小问答的数学实施.

五个人下水，五个人到达.数学上怎样才能保证呢?第一，要有正则性(regularity)，一个人不能变成两个人，两个人不能变成一个人.在图4.1中，就是五个人的游迹不会分叉，也不会交叉合并.否则，就不能保证最后还是五个人.第二，要有单调性(monotonicity)，即一直向前游，不会退回去.如果有人退回去，就不能保证五个人都到达终点端.以后我们还会知道，单调性加上正则性，还可以保证所有人前进的速度一致地大于零.这就排除了虽然一直向前，但却越来越慢，永远到达不了终点端的可能.第三，要有有界性(boundedness).否则，如果有人从池侧溜上岸，也不能保证五个人都到达终点端.

同伦方法在解决高度非线性问题时极为有效，它的理论基础并不复杂.下述的几个引理就是同伦方法赖以成功的基石.

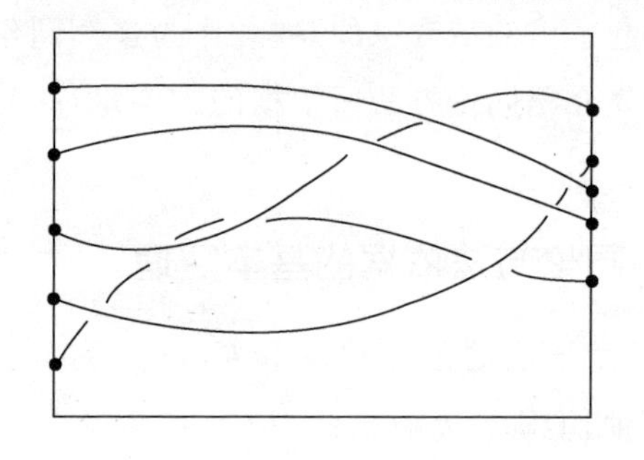

图4.1

设 $\mathbf{R}^p$ 为 p 维欧几里得空间.如果 $E\subset\mathbf{R}^p$ 是开集，$F:E\rightarrow\mathbf{R}^r$ 的各阶偏导数都存在并且连续，就说 F 是光滑(smooth)映射.这时，在 E 的每一点，F 的导映射(derivative)都是一个线性变换(linear transformation)

$$DF:\mathbf{R}^p\rightarrow\mathbf{R}^r$$

如果在 $x \in E$,线性变换

$$DF: \mathbf{R}^p \to \mathbf{R}^r$$

是满(surjective)映射,就说 $x \in E$ 是 F 的正则点(regular point). 如果 $y \in \mathbf{R}^r$ 使得

$$F^{-1}(y) = \{x \in E: F(x) = y\}$$

中的每一点都是 F 的正则点,就说 y 是 F 的正则值(regular value). 很明显,正则值的前提是 $p \geqslant r$.

在 E 的每一点,F 的导映射 $DF: \mathbf{R}^p \to \mathbf{R}^r$ 作为线性变换,其变换矩阵就是 F 在这点的一阶偏导数矩阵$(\partial F_j / \partial x_k)$,所以有 $DF = (\partial F_j / \partial x_k)$.

首先叙述原像定理(preimage theorem).

引理 4.1　设 $E \subset \mathbf{R}^p$ 是开集,$F: E \to \mathbf{R}^r$ 是光滑映射. 如果 $y \in \mathbf{R}^r$是 F 的正则值,那么 $F^{-1}(y)$是 E 中的 $p-r$ 维微分流形,$\partial F^{-1}(y) \subset \partial E$,即 $F^{-1}(y)$的边界必在开集 E 的边界中.

我们将只用到 $p-r=1$ 的情形. 1 维微分流形的分类早已完全清楚:它的每个连通分支(component),或微分同胚区间,或微分同胚圆周. 简而言之,1 维微分流形的每个连通分支是一条简单光滑曲线. 所谓简单,就是不分叉,也不交叉. 这就是我们在游泳池问答后面所说的正则性的第一个要求.

现在叙述广义萨德(Sard)定理.

引理 4.2　设 $W \subset \mathbf{R}^q$,$E \subset \mathbf{R}^p$ 是开集,映射 $\varphi: W \times E \to \mathbf{R}^r$ 光滑,$p \geqslant r$. 如果 $y \in \mathbf{R}^r$ 是映射 φ 的正则值,那么对于几乎每一点 $a \in W$,$y \in \mathbf{R}^r$ 都是局限映射(restricted mapping)

$$\varphi(a, \cdot): E \to \mathbf{R}^r$$

的正则值.

这就是说,在 $y \in \mathbf{R}^r$ 是 $\varphi: W \times E \to \mathbf{R}^r$ 的正则值的条件下,使

得 $y\in\mathbf{R}^r$ 不是 $\varphi(a,\cdot):E\to\mathbf{R}^r$ 的正则值的那些点 $a\in W$，在 $\mathbf{R}^q$ 的开集 W 中所占有的勒贝格(Lebesgue)测度只等于零.

如果你的线性代数学得比较好，只要有一本微分拓扑方面深入浅出的好书，学会原像定理的证明并不困难. 广义萨德定理的证明会稍许费力一些. 不过，这里更强调这些定理的应用. 因为对付的是零点问题，我们只关心 $y\in\mathbf{R}^r$ 是 $\mathbf{R}^r$ 的原点的情形. 如果 $0\in\mathbf{R}^r$ 是映射的正则值，就说这个映射是正则映射. 后面将着重说明怎样造出 φ 来使得 $0\in\mathbf{R}^r$ 是它的正则值. 做到这一点以后，就容易取 $a\in W$ 使得 $0\in\mathbf{R}^r$ 是$F=\varphi(a,\cdot):E\to\mathbf{R}^r$ 的正则值. 应用到 $p-r=1$ 的情形，$F^{-1}(0)$就由互不相交的简单光滑曲线组成.

着眼于同伦方法的应用，我们更具体地限于 $E=[0,1]\times\mathbf{R}^r$ 的情形. 接下来的两个引理，给出上述光滑曲线的单调性.

引理 4.3 设 $0\in\mathbf{R}^r$ 是光滑映射 $\psi:[0,1]\times\mathbf{R}^r\to\mathbf{R}^r$ 的正则值，那么对于 $\psi^{-1}(0)=\{(t,x)\in[0,1]\times\mathbf{R}^r:\psi(t,x)=0\}$ 中的每一条曲线 $(t(s),x(s))$，或者对所有 s 恒成立

$$\operatorname{sgn}\frac{\mathrm{d}t(s)}{\mathrm{d}s}=\operatorname{sgn}\det\frac{\partial\psi}{\partial x}(t(s),x(s)),$$

或者对所有 s 恒成立

$$\operatorname{sgn}\frac{\mathrm{d}t(s)}{\mathrm{d}s}=-\operatorname{sgn}\det\frac{\partial\psi}{\partial x}(t(s),x(s)),$$

这里 s 是所论曲线的弧长，det 是行列式(determinant)函数，sgn 是符号函数，其中约定 $\operatorname{sgn}0=0$.

最后一个引理可以叫作非负(nonnegativeness)定理：

引理 4.4 设 $E\subset\mathbf{C}^n$ 是开集，$T:E\to\mathbf{C}^n$ 是解析映射，那么根据 $z=x+\mathrm{i}y$ 和 $T(z)=u+\mathrm{i}v$ 的关系，按照依 $z_j=x_j+\mathrm{i}y_j\,(j=1,$

$2,\cdots,n)$把$(z_1,z_2,\cdots,z_n)\in\mathbf{C}^n$与$(x_1,y_1,\cdots,x_n,y_n)\in\mathbf{R}^{2n}$视同的方式，把$T$看作实变量的映射，仍旧记作$T:E\to\mathbf{R}^{2n}$，则$T$的雅可比(Jacobi)矩阵$DT$的行列式处处非负.

非负定理的证明要点可以简述如下：

做适当的坐标变换，可以将DT转换成以n个2阶方阵为对角线元素的上三角矩阵，而每个2阶方阵都具有

$$\begin{pmatrix}\dfrac{\partial u_j}{\partial x_k} & \dfrac{\partial u_j}{\partial y_k}\\ \dfrac{\partial v_j}{\partial x_k} & \dfrac{\partial v_j}{\partial y_k}\end{pmatrix}=\begin{pmatrix}\dfrac{\partial u_j}{\partial x_k} & \dfrac{\partial v_j}{\partial x_k}\\ \dfrac{\partial v_j}{\partial x_k} & \dfrac{\partial u_j}{\partial x_k}\end{pmatrix}$$

的形式，所以$\det DT\geqslant 0$处处成立. 这里，等号成立，是因为解析函数的柯西-黎曼(Cauchy-Riemann)方程.

§4.2 多复变罗歇定理证明的同伦方法

理工科的大学生都要学一点复变函数. 可见，复变函数的应用范围实在很大. 现已很难想象，不用复变函数，怎样才能讲述电磁理论和流体力学. 一些奇异积分的计算，更是复变函数的拿手好戏.

和实变量函数一样，复变函数也有单变量和多变量的区别. 在实变量的情形，是一元微积分和多元微积分的区别. 在复变量的情形，是单复变函数和多复变函数的区别. 有趣的是，在大学课程设置中，虽然每个理工科学生都要学多元微积分，但是一般数学专业的本科学生，却通常不修习多复变函数.

多复变函数有一些很特殊的性质. 从单复变函数到多复变函数，比起从一元微积分到多元微积分，真是困难得多，跳跃大得多. 这就是一般大学不要求数学专业的本科学生修习多复变

函数的原因.

但是在今天,运用大学生容易掌握的现代同伦方法,却可以绕开那些特殊的困难,做一些多复变函数理论的研究.本节的目的,就是通过建立多复变罗歇(Rouché)定理,向读者演示同伦方法的这一特点.

下面的论证,大体上就按照正则性、单调性、有界性的次序展开.比较烦琐一点的是正则性,最容易的是有界性.我们先难后易,说明同伦方法的要义.为此,先叙述本节主要介绍的罗歇定理.

翻开任何一本复变函数课本,都可以找到罗歇定理.记复平面为C,这个定理可以叙述如下:

定理 4.1 设E是$\mathbf{C}$中的开集,γ是E内可求长的简单闭曲线,其内部$D\subset E$.若映射$f,g:E\to\mathbf{C}$解析(analytic),在D内只有孤立零点,并且对所有$z\in\gamma$,有

$$|f(z)-g(z)|<|f(z)|,$$

那么按重数计算(counting multiplicities),f和g在D内的零点数目相同.

记n个复变量$z=(z_1,z_2,\cdots,z_n)$的空间为$\mathbf{C}^n$,z在$\mathbf{C}^n$的欧几里得模(Euclidean norm)为$\|z\|$.多复变罗歇定理可以表述如下:

定理 4.2 设E是$\mathbf{C}^n$中的开集,而D是E内的有界开集,其闭包也在E内,即$\overline{D}\subset E$.若映射$f,g:E\to\mathbf{C}^n$解析,在D内只有孤立零点,并且对所有$z\in\partial D$,有

$$\|f(z)-g(z)\|<\|f(z)\|,$$

那么按重数计算,f和g在D内的零点数目相同.这里,∂D表示D的边界.

也许需要再说明一下的是：z 是 f 的零点，指的是 $f(z)=0$，在多复变函数的情形，这个 0 是空间 $\mathbf{C}^n$ 的原点.

两相比较，第一，定理 4.1 是单复变函数的情形，而定理 4.2 是多复变函数的情形，这是主要的进步. 第二，即使在定理 4.2 中限定 $n=1$，定理 4.2的条件也比定理 4.1 放宽很多，因为定理 4.1 要求 γ 是可求长的简单闭曲线，而定理 4.2 只要求 ∂D 是有界开集 D 的边界. 可见，即使在 $n=1$ 的情形，定理 4.2 也比定理 4.1 强得多.

现在，我们用同伦方法来证明定理 4.2. 关于预备知识，同伦的概念将直接给出，而对于单复变函数的柯西-黎曼方程，大家都很熟悉. 有些读者可能没有学过微分流形（differential manifold）和萨德定理. 我们主要着眼于如何应用同伦方法，这些内容连带柯西-黎曼方程，都容易叙述清楚，不易发生歧义. 坦率地说，罗歇定理的这个推广，得益于对对象的熟悉和各学科的渗透，并不是"啃硬骨头"的结果. 知道多一点，就可能做出这样的结果. 这就是我们的体会.

至此我们也知道，最要紧的是做出正则映射来，解决面临的问题. 这就是下面两节的工作.

4.2.1　将 f 调整为正则映射

我们首先将 f 调整为一个正则映射，然后在下一节，设计一个连接 f 和 g 的正则的同伦映射，这样就将大功告成.

因为对所有 $z\in\partial D$，都有 $\| f(z)-g(z) \| < \| f(z) \|$，可知 f 和 g 在 D 的边界 ∂D 上都没有零点. 进而我们知道 f 和 g 在有界闭集 $\overline{D}$ 上只有孤立零点，所以 f 和 g 在 D 内的零点数目都有限.

设 f 在 D 的零点数目是 m. 证明定理 4.2 的基本想法,就是从 f 的 m 个零点出发,造 m 条简单光滑曲线通向 g 的零点(参看图 4.2),这样就得到 g 的 m 个零点,同时证明 g 在 D 内没有别的零点.

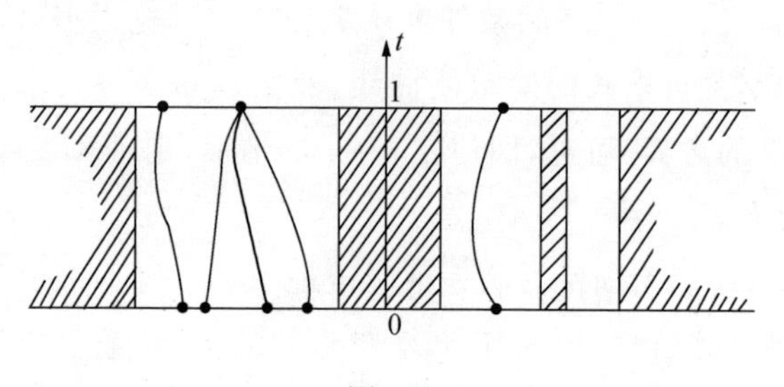

图 4.2

但是 f 可能有重零点(multiple zero). 用正则性的语言来说就是,f 可能不是正则映射,即 $0\in \mathbf{C}^n$ 可能不是 f 的正则值. 因此就不能保证有 m 个出发点. 所以我们首先对 f 做适当的整理,使它变成在 D 内恰好有 m 个零点的正则映射. 如所周知,这只要对 f 做小的扰动就可办到. 现在,我们用引理 4.2 来论证和完成这种小扰动.

定义 $\mathscr{F}:\mathbf{C}^n\times E\to\mathbf{C}^n$ 如下:

$$\mathscr{F}(c,z)=f(z)+c.$$

注意,现在 $c\in\mathbf{C}^n$ 是 $\mathscr{F}$ 的变量. 因为 $\partial\mathscr{F}/\partial c=\boldsymbol{I}$,这里 $\boldsymbol{I}$ 是 n 阶恒同矩阵,所以

$$D\mathscr{F}(c,z)=\left[\boldsymbol{I}\mid\frac{\partial f}{\partial z}(z)\right].$$

这个等式说明,$D\mathscr{F}:\mathbf{C}^n\times\mathbf{C}^n\to\mathbf{C}^n$ 作为线性变换,总是映满 $\mathbf{C}^n$ 的,从而 $0\in\mathbf{C}^n$ 当然是 $\mathscr{F}$ 的正则值. 这时,运用引理 4.2 可知,对几乎每一个 $c\in\mathbf{C}^n$,$0\in\mathbf{C}^n$ 都是局限映射 $\mathscr{F}(c,\cdot):E\to\mathbf{C}^n$ 的正则值.

取一个这样的 $c\in\mathbf{C}^n$，并且要求 $\|c\|$ 很小. 记 $f_c: E\to\mathbf{C}^n$ 是由 $f_c(z)=f(z)+c$ 确定的映射，那么，$0\in\mathbf{C}^n$ 是 f_c 的正则值，从而 f_c 没有重零点. 我们已经知道 f 在 ∂D 上没有零点，所以 f 在 D 内的零点数目在小扰动下不会改变. 至此我们知道，由于 $\|c\|$ 很小，f_c 在 D 内恰有 m 个孤立零点，它们都是单零点 (simple zero).

这样整理得到的 f_c 当然是正则映射.

4.2.2　同伦的设计

在构造 m 条简单光滑曲线，使得它们从 f_c 的零点出发通向 g 的零点的证明过程中，关键是同伦的设计.

定义 $\mathscr{H}: \mathbf{C}^n\times[0,1)\times E\to\mathbf{C}^n$ 如下：

$$\mathscr{H}(c,t,z)=(1-t)[f(z)+c]+tg(z).$$

因为

$$D\mathscr{H}(c,t,z)$$
$$=\left[(1-t)\boldsymbol{I}\mid g(z)-f(z)-c\mid(1-t)\frac{\partial f}{\partial z}(z)+t\frac{\partial g}{\partial z}(z)\right],$$

所以 $D\mathscr{H}: \mathbf{C}^n\times\mathbf{R}\times\mathbf{C}^n\to\mathbf{C}^n$ 作为线性变换，总是映满 $\mathbf{C}^n$ 的，可见，$0\in\mathbf{C}^n$ 是映射 $\mathscr{H}$ 的正则值. 这时，同样根据引理 4.2 就知道，对几乎所有 $c\in\mathbf{C}^n$，$0\in\mathbf{C}^n$ 都是局限映射 $\mathscr{H}(c,\cdot,\cdot): [0,1)\times E\to\mathbf{C}^n$ 的正则值.

依照广义萨德定理和映射 $\mathscr{F}$ 及 $\mathscr{H}$ 的构造，容易取定一个 $c\in\mathbf{C}^n$，使得 $0\in\mathbf{C}^n$ 同时是 f_c 的正则值和 $\mathscr{H}(c,\cdot,\cdot)$ 的正则值，并且 $\|c\|$ 很小. 这时，定义 $H: [0,1]\times\overline{D}\to\mathbf{C}^n$ 如下：

$$H(t,z)=\begin{cases}g(z), & 若\ t=1,\\ \mathscr{H}(c,t,z), & 若\ t\neq 1,\end{cases}$$

那么 H 当然连续，并且因为对于所有的 $z \in E$ 都有 $H(0,z)=f_c(z)=f(z)+c$ 和 $H(1,z)=g(z)$，所以 H 是联结 f_c 和 g 的一个同伦映射.

因为 $0 \in \mathbf{C}^n$ 是 $\mathscr{H}(c,\cdot,\cdot)$ 的正则值，按照原像定理，$\mathscr{H}(c,\cdot,\cdot)$ 的零点集是一个微分流形，其维数(dimension)等于 $[0,1)\times E$ 的维数减去 $\mathbf{C}^n$ 的维数，所以 $\mathscr{H}(c,\cdot,\cdot)$ 的零点集是一个1维微分流形. 注意在 $[0,1)\times\overline{D}$ 上，H 就是 $\mathscr{H}(c,\cdot,\cdot)$，可见同伦 H 的零点集

$$H^{-1}(0)=\{(t,z)\in[0,1]\times\overline{D}: H(t,z)=0\}$$

在 $[0,1)\times\overline{D}$ 的部分是1维微分流形，即由互不相交、互不交叉的简单光滑曲线组成.

现在，我们把 $[0,1]\times\overline{D}$ 看作柱体(或看作前面讲的游泳池). 如果能够再证明上述简单光滑曲线对于同伦参数 t 单调，并且不接触柱体(或游泳池)的侧面 $[0,1]\times\partial D$，定理4.2的证明即可完成，参看图4.2. 这就是下一小节的内容.

4.2.3 曲线在柱体内单调伸延

回顾同伦 $H:[0,1]\times\overline{D}\rightarrow\mathbf{C}^n$ 的构造，可以知道对于每一个固定的 t，

$$H(t,z)=(1-t)[f(z)+c]+tg(z)$$

是 z 的解析映射. 所以依据引理4.4，可知

$$\det\frac{\partial H}{\partial(x_1,y_1,\cdots,x_n,y_n)}$$

处处非负. 这时，如果 $(t(s),z(s))$ 是 $H^{-1}(0)$ 在 $[0,1)\times\overline{D}$ 部分的一条曲线，其中 s 是弧长，那么在引理4.4的基础上，引理4.3进一步论定 $\mathrm{d}t(s)/\mathrm{d}s$ 恒不变号. 至此我们知道，$H^{-1}(0)$ 中的每一

条曲线,都是同伦参数 t 的单调曲线.

余下只须证明上述曲线不会接触$[0,1]\times\overline{D}$的侧面$[0,1]\times\partial\overline{D}$.但这是容易的.事实上若不然,

$$H^{-1}(0)\cap[0,1]\times\partial D\neq\varnothing,$$

则有

$$(t',z')\in H^{-1}(0)\cap[0,1]\times\partial D.$$

$(t',z')\in H^{-1}(0)$要求

$$\begin{aligned}&(1-t')[f(z')+c]+t'g(z')\\&=f(z')+(1-t')c+t'[g(z')-f(z')]=0,\end{aligned}$$

但$(t',z')\in[0,1]\times\partial D$要求$z'\in\partial D$,从而

$$\|g(z')-f(z')\|<\|f(z')\|.$$

在$\|c\|$很小时,上述两个要求是矛盾的.这个矛盾说明,$H^{-1}(0)$中的曲线都不会接触$[0,1]\times\overline{D}$的侧面$[0,1]\times\partial\overline{D}$.

至此我们知道,如图 4.2 所示,从 f_c 的 m 个单零点出发,每一条曲线都在柱体$[0,1)\times D$内关于同伦参数 t 单调伸延.$t=0$时 H 的零点集 $H^{-1}(0)$就是 f_c 的零点集,$t=1$ 时 H 的零点集 $H^{-1}(0)$就是 g 的零点集,所以从 f_c 的零点出发的曲线,一定会到达 g 的零点;从 g 的零点出发的曲线,也一定可退回到达f_c 的零点.这就说明,g 在 D 内的零点数目和 f_c 在 D 内的零点数目一样,都等于 f 在 D 内的零点数目 m.

最后要注意的是,f 调整为 f_c 后,没有重零点了,所以从 f_c 的每个零点出发,如图 4.2 所示,只有一条曲线上升.曲线不分叉、也不交叉的性质只有在$[0,1)\times\overline{D}$部分有保证,所以这些曲线在 $t-1$ 处有可能相汇合.如果从 f_c 的零点出发的 k 条曲线汇合于 g 的一个零点,那么 g 的这个零点就是 k 重零点(zero of multiplicity k).在罗歇定理中,零点数目依照零点的重数计算.

也许还有必要说一下已经解决了的"游泳池"问答中的一个问题,即如何保证"虽然一直向前游,但是永远到不了岸"的情形不会发生.这主要依靠原像定理.原像定理确保 $H^{-1}(0)$的边界一定在$[0,1)\times\overline{D}$ 的边界内,也就是确保图 4.1 和图 4.2 中的每一条曲线,都不会把端点放在$(0,1)\times D$ 之内.

§4.3 同伦方法的启示

如果写成研究论文,多复变罗歇定理可以在三四页的篇幅内完成.我们在这里着意讲得细致一些,是想藉着这个证明展示现代同伦方法的精髓.

从较早的延拓法(continuation methods)发展成为目前的同伦方法,其契机是引进微分流形的若干概念,特别是广义萨德定理.

许多应用数学者可能没有必要通晓微分流形理论或微分拓扑学,但是了解像这里所用到的基础概念和基本结果,一定大有裨益.回头检视前面的叙述,也许你不熟悉一般的微分流形,但是 1 维的微分流形就是一些简单的光滑曲线,这很容易掌握,也就能够解决不少问题.你也许只是粗知正则性的概念.你也许永远不准备为萨德定理的证明费脑筋,但是这并不妨碍有朝一日你能够使用它们解决自己的问题.这里的情形是否与你学微积分里的参变积分有某些类似:今天你多半已经忘记了有关的公式怎样证明,甚至公式本身亦不易记起,但是如果需要你计算一个参变积分,你是会翻书查表把这个积分算出来的.

在前面同伦 $\mathscr{H}$的设计中,$(1-t)c$ 这一项的设置,最是妙招.这使我们一开始就抓住一个维数高得多的正则映射,然后利用广义萨德定理，容易制造出能够解决所面临的问题的同伦 H，并且 H 是正则的同伦. 运用之妙，存乎一心. c 项的首次引进，是同伦方法先驱者们的杰作，我们不敢掠美. 高堂安和我们只是学了这样的方法，用来证明多复变罗歇定理. 本来，多复变罗歇定理需要使用度理论(Degree theory)，而我们的做法就简单得多，直观得多. 也许可以说，高堂安和我们只是最早把同伦方法用于多复变情形的讨论而已.

同伦方法的大宗应用，是数值计算. 在多复变罗歇定理的证明之中，如果把 g 看作要算零点(要求根)的映射，把 f 或 f_c 看作为了算 g 的零点而使用的辅助映射，那么同伦方法就使我们可以沿着简单光滑曲线，从辅助映射的已知零点出发，走向目标映射 g 的零点. 辅助映射是由你选的，你可以选得十分好、十分方便，最要紧的是怎样和目标映射相匹配. 文献中业已出现的计算多项式全部零点和计算多项式方程组全部解的方法，基本思想都是这样. 至于在数值上怎样沿着光滑曲线走，已经有许多成熟的方法. 例如，所谓预估校正法(predictor-corrector method)就是这样一种算法：沿曲线的切线走一步预估，再用比如说牛顿方法校正，这样一步一步走下去. 于是，自然就出现步长选取和步长调节的问题.

关键还是同伦本身如何设计. 如果把前面的 $c \in \mathbf{C}^n$ 叫作同伦 $\mathscr{H}$ 和同伦 H 的设计参数(design parameter)，那么因为我们可以在 $\mathbf{C}^n$ 的满测度(full measure)子集中选取合乎要求的 c，所以按照几何概率(geometric probability)，则有：对于设计参数的每随机选取，同伦方法成功的概率是 1. 在实际使用中，同伦方法成功的概率接近于 1.

同伦方法当前引人注意的工作，是李天岩等人关于亏欠(de-

ficient)多项式方程组算法和特征值(eigenvalue)问题的研究.

设

$$f=(f_1,f_2,\cdots,f_n):\mathbf{C}^n\to\mathbf{C}^n$$

是一个多项式映射,每个分量 f_j 由有限个形如 $az_1^{q_1}z_2^{q_2}\cdots z_n^{q_n}$ 的项组成,其中 a 是非零复常数,$q_1,q_2,\cdots,q_n$ 是非负整数,$z_1,z_2,\cdots,z_n$ 是 n 个复变量. 这时,$q_1+q_2+\cdots+q_n$ 叫作 $az_1^{q_1}az_2^{q_2}\cdots z_n^{q_n}$ 项的阶数,而 f_j 中所有项的阶数的最大者 d_j,叫作 f_j 的阶数,最后,称 $(d_1,\cdots,d_n)$ 为多项式映射 f 的阶数. 经典的贝竹(Bézout)定理断定,映射 f 的孤立零点的数目不超过 $d_1d_2\cdots d_n$,后者叫作多项式映射 f 的贝竹数. 如果多项式映射 f 的孤立零点数目正好等于它的贝竹数,就说它是满零点的多项式映射,否则的话,就说它是亏欠多项式映射. 如果 f 的齐次多项式映射只有 $0\in\mathbf{C}^n$ 这个"平凡零点",那么 f 就满零点. 当然,零点数目是按重数算的.

值得注意的是,实际应用中出现的常常是亏欠多项式映射. 因为辅助映射通常总是满零点的,如果仍依原来的方式从辅助映射的全部零点出发进行计算,一定有许多曲线发散到无穷远的地方,造成很大的浪费. 为了有效地估计亏欠多项式的孤立零点数目并且高效地把这些零点算出来,李天岩等人提出随机乘积同伦(random product homotopy)的概念,针对存在无穷远零点造成亏欠这个原因,按照映射的具体结构来构造同伦,从而不跟踪无界的曲线.

特征值问题是亏欠多项式映射的典型例子. 为了求解顶多只有 n 个解的特征值问题,原来的同伦方法要跟踪 2^n 条曲线,浪费很大. 引入随机乘积同伦之后,可以只跟踪 n 条曲线. 就曲线数目而言,这已是最好的可能的结果. 特征值问题的同伦方法,还具有保序计算的优点.

还要注意的是，只要有足够的处理器，就可以互不干扰地跟踪从辅助映射的已知零点出发的各条光滑曲线. 所以，同伦方法本身具有并行(parallel)计算的结构. 此外，从上面的论述可以知道，同伦方法还具有经常大范围收敛(global convergence)的特点和整批求解的特点.

杨振宁教授说过，20 世纪科学发展飞快，在这样的发展当中，学科的交叉渗透表现出明显的优势. 同伦方法的发展，是一个生动的例证.

五　同伦方法的经济学背景：一般经济均衡理论

§5.1　一般经济均衡理论与诺贝尔经济学奖

20 世纪 70 年代科学发展的一项重大成就是数值计算方面的不动点算法和同伦算法. 李天岩和约克等人对这一发展做出了巨大贡献.

为什么要计算“不动点”? 理由很多. 许多理论问题和应用问题都可以归结为计算不动点的问题. 但是,最值得注意的是:数理经济学的发展迫切要求发明一种计算不动点的方法,并且历史上也的确是数理经济学家最早发明了计算不动点的方法. 所以,为了把不动点算法和同伦算法的来龙去脉讲清楚,我们首先要简单谈谈经济学问题.

通过“不动点算法”这一个专题的论述,希望读者不但能知道科学发展史上的有关故事,并且能初步体会到数理经济学的风格和方法.

5.1.1　纯交换经济一般均衡模型

一个**市场**是许多个人可以交换或交易他们拥有的商品的场所. 一个**经济**由进行生产、消费和贸易的经济单位组成. 为了对市场经济进行讨论，我们暂时先不考虑生产问题，而只考虑贸易活动. 也就是说，我们假定商品已经用某种方式生产出来了，集中研究这些商品如何在市场上交换的问题. 这样，我们讨论的就是**纯交换经济**.

读者马上会问，哪里会有**纯交换经济**？商品总是离不开生产、交换、消费环节的，只考虑交换这一个活动，似乎脱离实际. 但是，科学问题的研究，总是从最简单的情况入手，尝试建立一套有效的理论，然后把开始时没有考虑的因素逐个包括进来，同时逐步修改原有的理论，使之适合比较复杂因而也比较符合实际的情形. 举个例子说，现在要设计一套住宅的照明线路. 虽然任务非常简单，但在某种意义上说也是一个"研究"课题. 一开始，我们当然着眼于设计一个线路图，它只由开关符号、灯具符号和导线符号实线组成. 线路图没有告诉我们导线的长度，导线怎样沿着墙角走，也没有告诉我们在哪些地方需要打洞穿墙，甚至没有告诉我们是否需要把电线固定在墙上和怎样把电线固定在墙上. 但是，没有人会埋怨线路图太简单. 相反，如果你一开始就提供一份实物照片似的详细画卷，把每颗小钉子等都表示出来，反而不受欢迎.

数理经济学的研究不但从纯交换经济开始，而且从**有限**纯交换经济开始. 实际经济生活中的市场都带有流动性，一些厂家加入了，一些厂家退出了；一些顾客来了，一些顾客走了. 所以，实际经济生活中的市场，随着时间的推移在不停地变化着. 但是，数理经济学的出发点，是研究人员数目有限并且固定、商品数目也有限并且固定这样一种有限的纯交换经济.

值得强调的是,下面我们将要详细讨论的有限纯交换经济不但是数理经济学的入门,而且研究这种“理想化”的纯交换经济所得到的若干重要结论,却能说明实际经济生活中的许多问题.理论的价值在哪里?不就是在于能够说明和解释实际现象,帮助人们进行正确的分析和做出正确的决策吗?所以,“小”问题的研究常常能揭示“大”的道理.

有限纯交换经济的基本假定是:m 个商人交换 $n+1$ 种商品.

对于 $n+1$ 种商品,我们把它们分别编号为第 0 种商品,第 1 种商品,第 2 种商品,……,一直到第 n 种商品.假如第 0 种商品的数量是 x_0,第 1 种商品的数量是 x_1,……,第 n 种商品的数量是 x_n,合起来写在一起,我们得到一个**商品向量** $\boldsymbol{x}=(x_0,x_1,\cdots,x_n)$.

为什么叫作向量?从初中数学我们知道,平面上建立直角坐标系后,平面上的每一个点可以用一对实数(x,y)表示.我们把**点**和从坐标原点到这个点的**向量**看作一样东西,所以平面上每一个向量由一对实数(x,y)组成,x 叫作这个向量的第一个分量,y 叫作这个向量的第二个分量.高中学解析几何的时候又知道,空间建立直角坐标系后,空间中的每一个点可以用一组 3 个实数(x,y,z)来表示.所以,(x,y,z)也就表示空间中的一个向量,它的第 1 个分量是 x,第 2 个分量是 y,第 3 个分量是 z.

为了统一起见,以后我们把 x 和 y 写成 x_1 和 x_2,把 x,y,z 写成 x_1,x_2,x_3.所以,(x_1,x_2)表示平面上的一个向量(图 5.1),(x_1,x_2,x_3)表示空间中的一个向量(图 5.2).

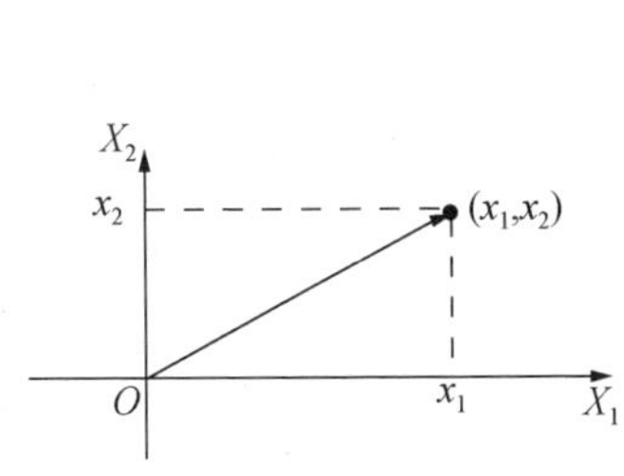

图 5.1　平面直角坐标系

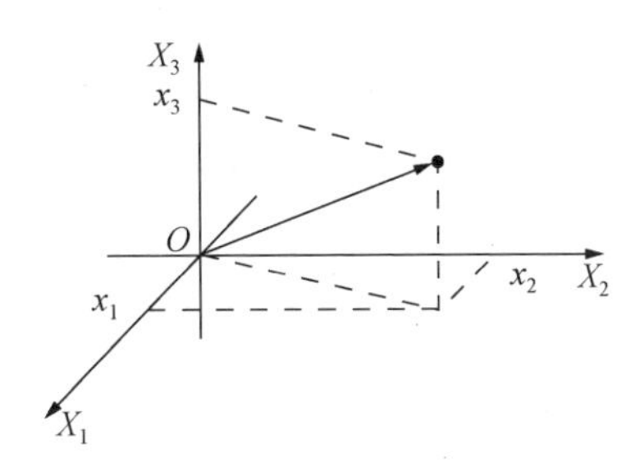

图 5.2　空间直角坐标系

平面上的向量用 2 个实数分量 x_1 和 x_2 表示，所以平面也叫作 2 维空间. 原来说的空间中的向量用 3 个实数分量 x_1,x_2,x_3 表示，所以平常我们说的空间也叫作 3 维空间. 推而广之，数轴上的点和数轴上的从原点到这个点的向量只用 1 个实数表示，所以数轴是 1 维空间.

这种说法有一个好处，就是适合于说明**高维空间**，即 5 维空间、14 维空间，等等. 大家知道，我们生活的位置空间是 3 维空间. 所以，3 维空间是现实的空间. 5 维空间、14 维空间这些高维空间，不是我们生活的现实的位置空间，而是人们想象出来的空间. 这样一来，由 5 个分量放在一起的一组数(x_1,x_2,x_3,x_4,x_5)，就是 5 维空间中的一个向量. 由$n+1$个分量放在一起的一组数$(x_0,x_1,x_2,\cdots,x_n)$，就是 $n+1$ 维空间中的一个向量. 为了写起来方便，有时就用一个字母 $\boldsymbol{x}$ 表示这个向量. 所以，我们把前面说的 $\boldsymbol{x}=(x_0,x_1,\cdots,x_n)$叫作一个商品向量，或者更详细些，叫作一个 $n+1$ 维商品向量.

商品向量有一个很自然的特点，就是每个分量都不会是负数. 这很容易理解，因为商品向量的第 j 个分量就是第 j 种商品的数目. 在一个纯交换经济中，商品的数目可以是零，可以是正数,但不可以是负数.

我们用下标 j 表示第 j 种商品,例如 $\boldsymbol{x}_j$ 表示第 j 种商品的数目.我们用上标 i 表示第 i 个商人,例如 $\boldsymbol{x}^i$ 表示第 i 个商人的商品向量,注意,这里上标 i 只是一个号码,是一个编号,不是指数.也就是说,$\boldsymbol{x}^3$ 表示第 3 个商人的商品向量,而不是像通常那样表示 x 的 3 次方.这是很容易区分的.因为 $\boldsymbol{x}$ 是一个向量.

说到现在,每个商人所拥有的各种商品就可以用一个 $n+1$ 维商品向量来表示.这个向量的第 j 个分量是多少,就表示该商人有多少第 j 种商品.但每个商人在交换之前和交换之后所拥有的商品在数目上是不同的.例如一个铁匠在交换前有 10 把锄头,交换后剩下两把锄头,但用 8 把锄头换来了 40 千克面粉、12 米布.假如参与交换的只有这三种商品,那么这个铁匠在交换前的商品向量是(10,0,0),在交换后的商品向量是(2,40,12),可见是不同的.为了区别每个商人在交换前和交换后的商品向量,我们把交换前的商品向量用字母 $\boldsymbol{w}$ 表示,称为**初始库存向量**,交换以后的商品向量,就还是用 $\boldsymbol{x}$ 表示.这样一来,$\boldsymbol{w}^i=(w_0^i,w_1^i,\cdots,w_n^i)$就表示第 i 个商人初始(交换前)库存第 0 种商品的数目是 w_0^i,第 1 种商品的数目是 w_1^i,……,第 n 种商品的数目是 w_n^i.

现在,假如第 0 种商品的**价格**是 p_0,第 1 种商品的价格是 p_1,…,第 n 种商品的价格是 p_n,我们又得到一个 $n+1$ 维的**价格向量** $\boldsymbol{p}=(p_0,p_1,\cdots,p_n)$,价格向量也是所有分量都不是负数的向量.

有了价格向量以后,很容易算出第 i 个商人的财富有多少.因为第 i 个商人的初始库存向量是 $\boldsymbol{w}^i=(w_0^i,w_1^i,\cdots,w_n^i)$,而价格向量是 $\boldsymbol{p}=(p_0,p_1,\cdots,p_n)$,所以他的**财富**(按货币计算)是

$$b^i = p_0 w_0^i + p_1 w_1^i + \cdots + p_n w_n^i.$$

这也是很容易理解的，因为他拥有第 j 种商品的数目是 w_j^i，而这种商品的价格是 p_j，所以他拥有的第 j 种商品的价值为 $p_j \cdot w_j^i$，他拥有的各种商品的总值就是 $p_0 w_0^i + p_1 w_1^i + \cdots + p_n w_n^i$. 举一个简单的例子：假如一个菜农运了 100 千克菠菜和 40 千克豆角去卖，菠菜价格每千克 0.4 元，豆角价格每千克 0.6 元，很容易算出来这个菜农参加交换前的财富是 100×0.4+40×0.6=64 元.

纯交换经济的一个基本假定是：每个商人交换后所拥有的商品的总值不超过交换前他拥有的商品的总值，这就是所谓花费不得超过财富的原则. 用式子写下来就是：第 i 个商人的经济活动必须符合不等式

$$p_0 x_0^i + p_1 x_1^i + \cdots + p_n x_n^i \leqslant p_0 w_0^i + p_1 w_1^i + \cdots + p_n w_n^i = b^i.$$

式子右边，是交换前商人的财富. 式子左边，是交换后商人所拥有的各种商品的价值的总和，也就是交换后商人的财富.

为什么要规定每个商人交换后的财富不增加呢？因为这是一个纯交换经济，不论交换前还是交换后，全体商人所拥有的所有商品的总量没有变化. 纯交换经济不使社会财富增加. 既然如此，如果某个商人在交换后发了财，就一定有另一些商人亏了本，亏本的商人就不会进行交易，于是交易也就做不成了. 所以在纯交换经济的最基本的模型中，规定每个商人在交换后财富都不增加.

5.1.2　瓦尔拉斯法则与帕累托最优解

读者不免产生这样的问题：纯交换经济规定每个商人在商品交换后财富不增加，也就是规定每个商人都不能通过交换来发财. 这样的话，商人怎么还会有参加交换的积极性？辛苦了半

天,财富却没有增加,岂不是不参加交换更省心?

的确,在市场经济的现实经济活动中,商人总是要赚钱的.就这点来说,纯交换经济的假定是与现实经济生活有相当距离的.但是,除了我们开始时说过研究任何复杂的社会现象一定要从最简单、最理想化的模式开始的道理以外,还要指出赚钱并不是经济活动的唯一动机.比如某人是一个亿万富翁,难道他就不需要用他的财富去换回一些面包或蔬菜这样的生活必需品吗?即使他明知这种交换不会增加他的财富,他还是有进行这种交换的要求.这个极端简单的例子说明,至少对于短期的和局部的经济活动来说,赚钱并不是经济活动唯一的动机.

数理经济学认为,商人参加纯交换经济活动,是因为他对不同的商品有不同的**偏好**.在日常生活中,人们的偏好是一种普遍的现象.有些人喜欢打扮,有些人追求美食,有些人欣赏京剧,有些人酷爱摄影.他们各趋所爱,组成多姿多彩的世界.在纯交换经济中,商人的偏好是经济活动的动力.例如,一个商人拥有布匹,一个商人经营服装,一个商人提供饭菜,一个商人出售古玩和电器.如果他们组成一个(封闭的)经济系统,那么以布匹商为例,他需要用布匹去换回他所必需的服装和饮食.如果他(的财富)还有余力,他可能还想换回一两件古玩.尽管他的财富没有因为交换而增加,但他的偏好促使他进行这种交换.偏好就是他的需求的反映,偏好就代表他在这个商品市场上的选择倾向.

由此可见,纯交换经济的假设与现实的经济活动是有很大距离的,因为现实的经济活动比纯交换经济的假设复杂得多.但是,如果说纯交换经济的假设是违反现实经济活动的机制的,那就错了.除了前面列举的简单例子以外，国际贸易中出口大米换回面粉，出口汽车换回石油，都可以看到不同的国家对不同的商品有不同的偏好.偏好或选择倾向是一种实在的动机，并不是凭空的臆造.有些经济学家甚至认为偏好是一切经济活动（并不限于纯交换经济）的动机的真正内涵，货币或价值反倒是一种外部标志.这种说法也有一定的道理.

在数理经济学纯交换经济模型中，偏好常常用**效用函数**来表示.3 个商人交换 5 种商品，假设商人们的效用函数分别为

$$\pi^1 = x_0 + 4x_1 + 0.5x_2 + 7x_3 + 3x_4,$$

$$\pi^2 = 5x_0 + 2x_2 + 1.2x_3,$$

$$\pi^3 = 2x_0 + 120x_1 + 3x_2 + 4x_3 + 0.3x_4.$$

这是什么意思呢？这说明，当不考虑价格时，商人 1 对 5 种商品的偏好次序为：第 3 种—第 1 种—第 4 种—第 0 种—第 2 种，偏好程度的“比例”依次为：7—4—3—1—0.5.商人 2 对第 1 种和第 4 种商品根本不需要，对其余三种商品的偏好次序为：第 0 种—第 2 种—第 3 种，偏好程度的“比例”依次为：5—2—1.2.商人 3 则对第 1 种商品有特别强烈的偏好，这从商人 3 的效用函数的表达式中看得十分清楚.得到一件第 1 种商品，他的由效用函数的值反映的“满足程度”就提高了 120，但得到一件别的商品，他的满足程度只提高了 2，或 3，或 4，或 0.3.

在这个例子中，假定商人 1 的初始库存是 $\boldsymbol{w}^1=(7,5,20,0,2)$，这些数字依次表示他在开始时拥有的 5 种商品的数目，那么市场商品的单价向量 $\boldsymbol{p}=(p_0,p_1,p_2,p_3,p_4)$确定后，商人 1 的商业活动的目的，就是在“花费不得超过财富”的关系式

$$p_0x_0^1 + p_1x_1^1 + p_2x_2^1 + p_3x_3^1 + p_4x_4^1$$
$$\leqslant b^1 = 7p_0 + 5p_1 + 20p_2 + 2p_4$$

的约束之下，使他的效用函数

$$\pi^1(x_0,x_1,x_2,x_3,x_4)=x_0+4x_1+0.5x_2+7x_3+3x_4$$

达到最大.这里，我们把效用函数 π^1 写成 $\pi^1(x_0,x_1,x_2,x_3,x_4)$，表明它是由 x_0,x_1,x_2,x_3,x_4 这 5 个商品分量共同决定的. π^2,π^3 也这样写，虽然对于 π^2，x_1 和 x_4 不起作用，但还是写成 $\pi^2(x_0,x_1,x_2,x_3,x_4)$.

在一些关系式的约束（限制）之下使一些目标函数（这里是效用函数）达到最大，从本质上说来，就是数学里的**最优化问题**.所以我们可以说，在纯交换经济中，每个商人实际上都是在进行"最优化活动".在这个例子中，只要单价向量确定下来，每个商人的财富马上可以算出来，对这个商人的约束条件也立刻清楚了，接下去他要做的，就是在这个"量入为出"的约束之下进行交换，合理确定交换之后，使自己的效用函数达到最大.交换后对每种商品的拥有量也是用一个商品向量来表示的，记作 $\boldsymbol{d}^i=(d_0^i,d_1^i,\cdots,d_n^i)$，即第 i 个商人在交换后对第 j 种商品的据有量是 d_j^i，或者说商人 i 对商品 j 的**需求**是 d_j^i.

前面说了，一旦价格向量 $\boldsymbol{p}$ 确定了，每个商人就在这个按照 $\boldsymbol{p}$ 算出来的约束条件下进行"最优化"的经济活动，最后结果是 d^i.很明显，p 不同的话，算出来的 d^i 也不相同.例如，设某个商人的效用函数是 $\pi^i=x_0+2x_1$.如果不考虑商品的价格，他比较喜欢商品 1.但经济上是不能不考虑商品价格的.假如价格向量是 $\boldsymbol{p}=(1,1)$，即两种商品价格相等，他当然愿意多换进商品 1，因为这样既不使花费增加，又能使自己的效用函数升值.但如价格向量是 $\boldsymbol{p}=(1,4)$，就是说商品 1 比商品 0 贵 3 倍，那么要使自己有限的财富尽量满足自己的偏好，就应当多换进商品 0.由此可见，每个商人的交换结果 d^i 是由市场的价格向量 $\boldsymbol{p}$ 确定的，

也就是说 d^i 是 $\boldsymbol{p}$ 的函数，所以记作 $d^i = d^i(\boldsymbol{p})$.

虽然交换是由价格向量决定的，但在纯交换经济中，却可以不使用货币. 比如苹果的价格是 2 元/千克，芒果的价格是 10 元/千克，那么 5 千克苹果就可以换 1 千克芒果，反过来也一样. 所以，在纯交换经济模型的讨论中，虽然需要价格向量，却**不必出现货币**. 事实上，即使是国际贸易非常发达的今天，国家与国家之间有时亦采用这种以货换货的贸易方式.

纯交换经济的讨论中不但可以不出现货币，而且价格向量（的每一个分量同时）乘以一个正数，也不会影响交换结果. 例如，苹果的价格是 2 元/千克，芒果的价格是 10 元/千克，所以 2.5 千克苹果换 0.5 千克芒果. 如果价格都乘以 0.3，那么苹果的价格是 0.6 元/千克，芒果的价格是 3 元/千克，还是 2.5 千克苹果换 0.5 千克芒果. 这实际上就是说，在纯交换经济中，重要的是各种商品的价格之比，而不是各种商品的价格本身. 只要各种商品的价格之比相同，第 i 个商人在“量入为出”的约束条件下进行“最优化”经济活动的结果 d^i 都相同. 价格之比相同是什么意思呢？例如苹果、芒果两种商品，价格向量(2,10)和价格向量(0.6,3)是不同的，但它们的比值相同，因为有 0.3 使得 $0.3\times(2,10)=(0.6,3)$. 所以，如果两个价格向量符合价格之比相同，那么设一个价格向量是 $\boldsymbol{p}$ 的话，一定可以找到一个正数（例如前面说的 0.3）λ 使得另一个价格向量可以写成 $\lambda\boldsymbol{p}$. 这样一来，“只要价格之比相同，商人 i 的需求 d^i 也就相同”这个定律就可以用数字式子 $d^i(\boldsymbol{p})=d^i(\lambda\boldsymbol{p})(\lambda>0)$ 来表示. 也就是按 $\boldsymbol{p}$ 算出来的 d^i 和按具有相同价格之比的 $\lambda\boldsymbol{p}$ 算出来的 d^i 都一样.

既然纯交换经济的结果只和各商品价格之比有关，我们就能够把各种商品的价格写成所有商品的价格加起来正好等于1 的形式.例如,苹果的价格是 2 元/千克,芒果的价格是 10 元/千克,价格向量是(2,10).但对于纯交换经济来说,只要价格之比相同,价格向量的作用就完全相同,所以我们可以用$\frac{1}{12}$乘以原来的价格向量(2,10),得到新的价格向量$\frac{1}{12}(2,10)=\left(\frac{1}{6},\frac{5}{6}\right)$.这个价格向量虽然不同于原来的价格向量,但价格之比没有变,所以起的作用是一样的.$\left(\frac{1}{6},\frac{5}{6}\right)$这个价格向量的好处是:所有价格之和等于 1.如果有 5 种商品,原来的价格向量是(3,12,7,8,20),我们用

$$3+12+7+8+20=50$$

除它,得到新的作用完全一样的价格向量

$$\frac{1}{50}\times(3,12,7,8,20)=\left(\frac{3}{50},\frac{6}{25},\frac{7}{50},\frac{4}{25},\frac{2}{5}\right),$$

这个新的价格向量的好处也是所有商品的价格加起来等于 1.

把价格向量乘以一个非零数或除以一个非零数,使之变成各分量之和为 1 的作用完全一样的新的价格向量,这个过程叫作**规范化**处理.前面已经讲了许多道理.今后,我们只需要处理这种规范化处理过的各分量加起来等于 1 的价格向量就可以了.

前面说过,商人 i 的初始库存商品向量是

$$\boldsymbol{w}^i=(w_0^i,w_1^i,\cdots,w_n^i),$$

经过交换他所需求的商品向量是 $\boldsymbol{d}^i=(d_0^i,d_1^i,\cdots,d_n^i)$.例如,$\boldsymbol{w}^i=(2,8,0)$,$\boldsymbol{d}^i=(3,0,4)$,就是说经过交换,商人 i 的第 0 种商品的持有量从 2 上升到 3,第 1 种商品的持有量从 8 下降到 0,第 2 种商品的持有量从 0 上升到 4.他的需求能否得到满足呢?就要看整个纯交换经济中的总的初始库存和总的需求向量是否平

衡. 总的初始库存是

$$\begin{aligned}\boldsymbol{w} &= \boldsymbol{w}^1 + \boldsymbol{w}^2 \cdots + \boldsymbol{w}^m \\ &= (w_0^1 + w_0^2 + \cdots + w_0^m, \\ &\quad w_1^1 + w_1^2 + \cdots + w_1^m, \cdots, w_n^1 + w_n^2 + \cdots + w_n^m),\end{aligned}$$

表示第 j 种商品的初始总库存是每个商人的初始库存 $\boldsymbol{w}^1, \boldsymbol{w}^2, \cdots, \boldsymbol{w}^m$ 的总和 $w_j^1 + w_j^2 + \cdots + w_j^m$. 总的需求向量是

$$\begin{aligned}\boldsymbol{d} &= \boldsymbol{d}^1 + \boldsymbol{d}^2 + \cdots + \boldsymbol{d}^m \\ &= (d_0^1 + d_0^2 + \cdots + d_0^m, \\ &\quad d_1^1 + d_1^2 + \cdots + d_1^m, \cdots, d_n^1 + d_n^2 + \cdots + d_n^m),\end{aligned}$$

表示对第 j 种商品的总需求是每个商人的需求 $\boldsymbol{d}^1, \boldsymbol{d}^2, \cdots, \boldsymbol{d}^m$ 的总和 $d_j^1 + d_j^2 + \cdots + d_j^m$.

在数理经济学中,定义纯交换经济的**过需求商品向量**为 $\boldsymbol{g} = \boldsymbol{d} - \boldsymbol{w}$. 仔细把过需求商品向量的每个分量写下来,就是

$$\begin{aligned}\boldsymbol{g} = (&(d_0^1 + d_0^2 + \cdots + d_0^m) - (w_0^1 + w_0^2 + \cdots + w_0^m), \\ &(d_1^1 + d_1^2 + \cdots + d_1^m) - (w_1^1 + w_1^2 + \cdots + w_1^m), \cdots, \\ &(d_n^1 + d_n^2 + \cdots + d_n^m) - (w_n^1 + w_n^2 + \cdots + w_n^m)).\end{aligned}$$

对于第 j 种商品,就有关系式

$$g_j = (d_j^1 + d_j^2 + \cdots + d_j^m) - (w_j^1 + w_2^2 + \cdots + w_j^m),$$

其中, $w_j^1 + w_j^2 + \cdots + w_j^m$ 是商品 j 的总库存, $d_j^1 + d_j^2 + \cdots + d_j^m$ 是商品 j 的总需求,可见 g_j 反映对商品 j 的供求关系, $g_j > 0$,就是供不应求; $g_j < 0$,就是供过于求.

但是,库存和需求都是要用价格来结算的,所求要符合关系式

$$p_0(d_0^1 + d_0^2 + \cdots + d_0^m) + p_1(d_1^1 + d_1^2 + \cdots + d_1^m) + \cdots + p_n(d_n^1 + d_n^2 + \cdots + d_n^m)$$

$$= p_0(w_0^1 + w_0^2 + \cdots + w_0^m) + p_1(w_1^1 + w_1^2 + \cdots + w_1^m) + \cdots$$
$$p_n(w_n^1 + w_n^1 + \cdots + w_n^m).$$

移项整理就得

$$p_0[(d_0^1 + d_0^2 + \cdots + d_0^m) - (w_0^1 + w_0^2 + \cdots + w_0^m)] +$$
$$p_1[(d_1^1 + d_1^2 + \cdots + d_1^m) - (w_1^1 + w_1^2 + \cdots + w_1^m)] + \cdots +$$
$$p_n[(d_n^1 + d_n^2 + \cdots + d_n^m) - (w_n^1 + w_n^2 + \cdots + w_n^m)] = 0,$$

也就是

$$p_0 g_0 + p_1 g_1 + \cdots + p_n g_n = 0.$$

别小看了这个式子,它就是著名的**瓦尔拉斯**(Walras)**法则**.这个法则提出来已经有一百多年了.翻开任何一本现代的经济学教程,都会看到这个著名的瓦尔拉斯法则.

前面说过,在纯交换经济中,每个商人的活动,都是在"量入为出"的财富约束之下进行"最优化活动",努力使自己的效用函数值升上去,升得越高,商人就越满意.每个商人都想自己的活动达到最优,这里就有一个局部的最优和整体的最优的关系的问题.例如,让所有商品都集中到一个商人那里去,那么在纯交换经济中这个商人获得了全部商品,他当然达到了最优,但是别的商人不但不优,反而本钱都赔光了,这就毫无整体的最优可言.另一方面,就局部和局部的关系来说,人们常常有一种错觉,认为甲优了,乙就一定受损.数理经济学的一大功劳就是证明了:在纯交换经济的假定之下,存在一种使每个商人都达到最优的格局.由于这个功劳,已经有两位经济学家获得了诺贝尔经济学奖.后面,我们将向读者说明为什么会有大家都最优、大家都满意的格局,现在首先有必要明确什么叫最优.

贪得无厌的最优不值得我们研究.数理经济学追求的是所谓帕累托最优.当一个经济处于这样一种状态,使得没有人能在不损害别人的前提下增进自己的福利（提高自己的效用函数值）时，就说这个经济处于**帕累托**（Pareto）**最优**．这个概念是瑞士洛桑大学的经济学家帕累托首先提出来的．帕累托最优不仅对整体来说是最优，而且对每个商人来说，也是他甘愿接受的最优．倘若商人还不满足，还想增进自己的福利，那就要损害别人的利益了．在自由交换的经济中，要损害别人的利益，就要付出额外的代价，否则别人就不同意．例如，当面包的价格是 0.2 元/个时，按照帕累托最优，假定你需要 3 个面包而我需要 1 个面包，这时，如果你不满足，还想剥夺我的这个面包，按原来的单价我是不情愿的，除非你为这个面包付加倍的价钱．但这样一来，你的财富价值就会下降．计算一番之后，你觉得还是安于现状好．所以，帕累托最优就是这样使得每个商人都乐于接受的格局，否则他就要付出额外的代价．

由此你可以想象，在纯交换经济中，当自愿的等价交换的贸易停止时，没有一个人可以依靠进一步的贸易在不减少他人福利的前提下来增进自己的福利（否则他可以要求他人与之交易，使自己状况更佳又不使他人受损），所以结局一定是帕累托最优．后面，我们将着重阐述数理经济学家是怎样证明一定存在一种帕累托最优的格局的．

5.1.3　两位诺贝尔经济学奖获得者

数理经济学中研究纯交换经济的一般经济均衡理论，是现代经济学范畴中一种成功的理论．自从 1969 年开始颁发诺贝尔经济学奖以来，已经有两位经济学家由于对经济均衡理论所做的贡献荣获诺贝尔经济学奖，他们是 1972 年获奖的美国斯坦福大学教授 K. J. 阿罗（K. J. Arrow）和 1983 年获奖的美国伯克利加州大学教授 G. 德布鲁(G. Debreu).

为了介绍阿罗和德布鲁两位诺贝尔经济学奖获得者的理论,我们先引述德布鲁教授于 1983 年 12 月 8 日在瑞典斯德哥尔摩皇家科学院所做的诺贝尔奖讲演的若干片段. 按照传统,一位学者在接受诺贝尔奖这一崇高的荣誉时,都要发表一篇演讲,论述他的理论中最精彩的部分. 这种演讲,就是所谓的诺贝尔奖讲演. 当然,这些都是学术性很高的讲演,其对象都是专业方面修养很高的学者,一般人是不容易完全理解的. 但是,由于我们在前面花了很大的篇幅说明了什么是纯交换经济的基本假定,什么是商品空间,什么是帕累托最优解,本书的读者现在应该能够读懂德布鲁教授的诺贝尔奖讲演的几个重要部分. 如果前面的详细的说明曾经使你感到吃力或厌烦,你付出的努力现在开始得到了回报. 不然,读者恐怕很难读懂这些大学问家的重要的学术报告.

下面就引述德布鲁教授的诺贝尔奖讲演. 为便于阅读,个别地方有所删减,在另外一些地方,则做了必要的说明或有限的发挥,这样的说明和发挥都用方括号括住,以便读者阅读原文时区别. 引文参考了史树中教授的汉译.

> 如果要对数理经济学的诞生选择一个象征性的日子,我们这一行的学者会以罕见的一致选取 1838 年,即选取 A. 古诺(A. Coumot)发表他的《财富理论的数学原理研究》的那一年. 古诺在历史上第一个建立了阐明经济现象的数学模型,他是以这种数学模型的伟大缔造者而著称的. 在他的 19 世纪和 20 世纪初的继承者中,最受本讲演称颂的将是一般经济均衡模型的数学理论的奠基者 L. 瓦尔拉斯(L. Walras,1834—

1910)，以及 F. Y. 艾奇沃斯(F. Y. Edgeworth，1845—1926)和 V. 帕累托(V. Pareto，1848—1923). 他们三位全都活到了 20 世纪. 对于所有诺贝尔经济学奖获得者来说，[应当记住，正是]他们提高了设立经济学奖金的价值，而诺贝尔经济学奖原本与其他奖一样，是在 1901 年就设想的.[诺贝尔经济学奖是从 1969 年开始颁发的，比其他奖晚了大半个世纪. 德布鲁称颂的 3 位先驱者因此永远失去了获得诺贝尔奖桂冠的机会，但他们的贡献终使诺贝尔经济学奖成为后来的现实.]

如果 1838 年是数理经济学的象征性的诞辰，那么 1944 年应当作为它的现代时期的象征性的开始. 这一年，J. 冯·诺依曼(J. von Neumann)和 O. 摩根斯滕(O. Morgenstern)发表了他们的巨著《对策论和经济行为》的第一版，这是一个宣告经济理论可以被深入地和广泛地改造的事件. 在随后的十年，强有力的智力推动也来自其他研究方向. 除了冯·诺依曼和摩根斯滕的书以外，W. 里昂节夫(W. Leontief)的投入产出分析，P. 萨缪尔森(P. Samuelson)的《经济分析基础》，T. 柯普曼斯(T. Koopmans)的生产活动分析和 G. 丹齐格(G. Dantzig)的单纯形算法都是热门的论题，尤其是当我 1950 年 6 月 1 日在考尔斯经济学研究委员会工作的时候.[1932 年，美国著名的考尔斯经济学研究委员会在科罗拉多州成立，1939 年迁到芝加哥，1955 年迁到耶鲁大学.]一个有强烈交互作用的工作组能提供一个我所希望的最佳类型的研究环境；而我在那时候能够成为这样一个工作集体的成员，实在是万分荣幸.

对研究的一个主导动机是对一般经济均衡理论的探讨.工作的目标是做出严格的理论,推广它,简化它,并把它扩充到新的研究方向.实行这样的计划,需要在偏好、效用和需求理论方面解决许多问题,这样就必然要在经济理论中引入从数学的各个领域中转借来的新的分析技巧.有时,甚至有必要去解答一些纯数学方面的问题.做这样的研究工作的人在开始时很少,增长也很缓慢.但是到了20世纪60年代初期,研究人数开始急速增长起来.

我将在这里综述和讨论的最原始的理论概念是商品空间.它构成经济中所有商品的清单.设l是这些商品的有限种类,对它们之中的每一种选取一种度量单位,而符号则可以方便地用来区别投入和产出(对于消费者来说,投入是正的,产出是负的;对于生产者来说,投入是负的,产出是正的),于是就可以用商品空间$\mathbf{R}^l$中的[l维商品]向量来描述经济经纪人的活动.商品空间具有实向量空间的结构这一事实是经济理论数学化获得成功的基本原因.特别是$\mathbf{R}^l$中的集合的凸性,这个在一般经济均衡理论中一再重复的理论,可以得到充分的发挥.此外,如果选定一种计量单位,并规定这l种商品中的每一种商品的单价,就可以定义$\mathbf{R}^l$中单价向量的概念,它是商品向量的对偶概念.商品向量$\boldsymbol{z}$关于单价向量$\boldsymbol{p}$的价值就是它们的内积$\boldsymbol{p}\cdot\boldsymbol{z}$.[商品向量$\boldsymbol{z}=(z_1,z_2,\cdots,z_l)$和单价向量$\boldsymbol{p}=(p_1,p_2,\cdots,p_l)$的内积是

$$\boldsymbol{p}\cdot\boldsymbol{z}=(p_1,p_2,\cdots,p_l)\cdot(z_1,z_2,\cdots,z_l)$$

$$= p_1 z_1 + p_2 z_2 + \cdots + p_l z_l.]$$

瓦尔拉斯在1874—1877年建立的数学理论的目标之一，就是要阐明在经济中观察到的价格向量和各种经纪人的活动，如何按照由这些经纪人通过市场对于商品的交互作用所形成的均衡来进行解释．在这样的均衡中，每个生产者都使他的相对于价格向量的利润在他的生产集中达到最大，每个消费者在他的初始库存向量的价值以及他从生产者所分得的利润份额所规定的预算约束之下，使他的偏好在他的消费集中达到最满意的程度，而对于每种商品来说，总需求等于总供给．瓦尔拉斯及其继承者们在60年时间里都感觉到，这一理论如果没有“至少有一个均衡点存在”的论证作为支持，将是徒劳的，而在瓦尔拉斯当初的模型中只注意到方程个数与未知数个数相等，这个论据是无法使数学家信服的．[例如 $2x+3y=6$ 和 $4x+6y=7$ 联立，方程个数与未知数个数相等，但联立方程却没有解．]然而，必须直截了当地指出，当瓦尔拉斯写出我们这门学科的最伟大的（如果不说最最伟大的）经典著作之一时，后来做出可能的存在性问题的解的数学工具[主要是后面将介绍的不动点定理]尚未出现．A．沃特(A. Wald)根据G．卡塞尔(G. Cassel)在1918年重新陈述的瓦尔拉斯模型，1935—1936年在维也纳终于以一系列论文提出了问题的第一个解．但他的工作引起的注意实在是太少了，以致直到20世纪50年代初都还没有人对此问题再进行深入的讨论．

阿罗曾经在他的诺贝尔奖讲演中谈到在和我见面

以前他所走过的研究道路. 使我走向与他合作的道路却有点不同. 20 世纪 40 年代初在巴黎高等师范学校，我受到了 N. 布尔巴基(N. Bourbaki)[法国的一个讲究公理方法的数学学派，对数学的发展有很大影响]的数学公理化方法的影响. 但在第二次世界大战末期，我的兴趣又转向经济学. 洛桑学派的传统在法国曾经相当活跃，尤其是受到了 F. 戴维斯(F. Divisia)和 M. 阿莱士(M. Allais)这两位学者的影响. 我第一次接触到一般经济均衡理论并且被它迷住，是 1943 年出版的《经济学一个分支的研究》一书中阿莱士的阐述. 对于一个受过布尔巴基学派的无可通融的严格性教育的人来说，在瓦尔拉斯系统中仅仅考虑方程的个数和未知数的个数是不可能感到满意的，他会提出吹毛求疵的存在性问题. 但是在 20 世纪 40 年代后期，若干答案的本质因素还不是一下子就能被大家采纳的.

当时，一个比较容易的问题已经解决，它的解决对于存在性问题的解决来说有显著的贡献. 在 19 世纪到 20 世纪的转折时期，帕累托已经用微分学通过价格系统给出了经济的最优状态的特征. [即列举达到最优状态的数学条件.]在同样的数学框架中，帕累托理论的长期发展达到了 O. 朗格(O. Lange)1942 年的论文和阿莱士 1943 年的论文所创造的高度. 1950 年，阿罗在数理统计和概率论的第二届伯克利专题讨论会上，我在计量经济学学会哈佛会议上，各自用凸集理论处理了同样的问题. 两条定理都处于福利经济学领域的中心. 第一条定理断定，如果一个经济中的所有经纪人相对于给定的单价向量处于均衡,则该经济的状态是帕累托最优的.这个定理的证明在数理经济学中算是最简单的证明之一.第二条定理提供了更深刻的经济见解,但还是停留在利用凸集的性质之上.这个定理断定,与经济的帕累托最优状态 S 相联系有一个价格向量 $\boldsymbol{p}$,对于这样的价格,所有经纪人都处于均衡状态……由凸性理论出发来处理经济问题是严格的,但是比帕累托以来的传统的微分学的处理方法更为一般和更为简单.

读者可能觉得,德布鲁教授的讲演里有一些东西不容易理解,例如集合的凸性啦,等等.不过这并不要紧.要知道,这是一篇对专家们宣读的诺贝尔奖讲演,博大精深 4 个字是当之无愧的.虽然有个别概念可能还不理解,但读者还是能领会讲演的基本精神的,这都归功于前面两节的铺垫.当然,前面两节没有谈到生产,没有谈到负正,但并不妨碍我们初步领会德布鲁教授的讲演.

下面,我们继续节录德布鲁教授的诺贝尔奖讲演中的既容易理解、又包含全局性评价的部分,读者可以从中了解其他一些学者的贡献和地位.本书后面要谈到这些学者的故事.

……20 世纪 50 年代初期,解决存在性问题[最优状态是否存在的问题]的时刻无疑已经来临.除了[前面已经提到的]阿罗和我两人开始是相互独立的、后来则完全联合在一起的研究工作之外,1954 年 L. 麦肯直(L. Mckenzie)在杜克大学证明了"世界贸易的格拉汉模型和其他竞争经济系统中的均衡"的存在性.1955 年 D. 盖尔(D. Gale)在哥本哈根,1956 年二阶堂副包

(H. Nikaido)在东京,1956 年我在芝加哥,又各自独立地采用新的方法进一步研究了阿罗和我早先的工作,这使我在 1959 年出版的《价值理论》一书中大大简化了阿罗和我原先采用的证明方法.……

三十多年来,已经发展了许多其他的针对存在性问题的方法,这里我们不奢望能在这短短的讲演中像阿罗和英翠利盖多所编《数理经济学手册》一书中斯梅尔的第八章、德布鲁的第十五章、E. 德刻尔(E. Dierker)的第十七章和斯卡夫的第二十一章那样系统的综述,但必须明确提到其中之二.

给定任意的严格正的价格向量 $\boldsymbol{p}$,我们现在讨论经济中的消费者和生产者的反应可以唯一确定超需求向量 $g(\boldsymbol{p})$ 的情形.我们也假定每个消费者的预算约束[花费不超过财富]恰好满足,于是就有瓦尔拉斯定律

$$\boldsymbol{p} \cdot g(\boldsymbol{p})=0.$$

[就是 $p_1 g_1(p)+p_2 g_2(p)+\cdots+p_l g_l(p)=0$ 或 $p_1 g_1+p_2 g_2+\cdots+p_l g_l=0$,这是上一节讲过的.]……

第二种方法是经济均衡计算的有效算法的发展,这是斯卡夫起着带头作用的研究领域.对这类算法的寻求是一般经济均衡理论研究纲领的自然部分.决定性的激励竟然来自对策论问题的解法,这是意想不到的.经济均衡的算法已经找到其大量应用的途径,并且算法本身也为一般经济均衡理论开创了一个新的重要的方向.

如果均衡是唯一的,且保证唯一性的条件已经得到满足,则由经济模型给出的均衡的解释是完备的.然

而,在20世纪60年代后期才搞清楚的是,整体唯一性[只有一个比其他解都更优的解]的要求太高了,局部唯一性[一个比“附近”的其他解都更优的解]也足以使人满意.正如我在1970年所做的那样,可以证明,在适当的条件下,在所有经济的集合中,没有符合局部唯一性的均衡的经济的集合是可以忽略不计的.这段话的确切含义和证明方法可以在萨德定理中找到,这个定理是斯梅尔在1968年的交谈中介绍给我的.最后我在新西兰南岛的米尔福德海湾把问题全部解决了.1969年6月9日的下午,当我和我的妻子到达那里的时候,遇上了阴雨连绵的坏天气.烦闷无聊促使我去为这个已经长期捉弄我的问题而工作,而这次,观念很快就结晶了.第二天早上,晴空蓝天在海湾明媚的仲冬展现.

离开时间顺序,回溯一下20世纪50年代末期和60年代初期.那时是经济学的核心理论的开始.在1881年,艾奇沃斯已经提出一个令人信服的论证来支持公众的不太确切的信念,即随着经纪人的数目不断增长,市场变得越来越有竞争性,从而他们当中的任何一个都是微不足道的.他特别指出,在有数目相同的两种类型的消费者的“二商品经济”中,他的“合同曲线”趋向于竞争均衡集.艾奇沃斯的辉煌成就在当时却没有激起学者进一步的工作,一直到1959年,M. 舒比克(M. Shubik)才把艾奇沃斯合同曲线与对策论中“核”的概念[它是基尔士(Gillies)在1953年提出来的]相联系.艾奇沃斯的结果的第一个推广是由斯

> 卡夫在1962年得到的,而对于商品种类数目任意和消费者类型数目任意的完全的推广是我和斯卡夫在1963年得到的.与我们共同的论文相联系的是解决问题的那一时刻,它已经成为最使我终生难忘的回忆之一.那时在斯坦福大学的斯卡夫1961年12月到旧金山机场接我,当他开车送我沿高速公路前往巴罗阿托[斯坦福大学所在地]时,我们两人你一言我一语地给出了解答的关键.最后,问题迎刃而解.
>
> 一般经济均衡理论的现代发展是以瓦尔拉斯的工作为出发点的,但是瓦尔拉斯的某些观念有着包括亚当·斯密(Adam Smith)的深刻见解在内的漫长的渊源.斯密的观念在于,经济的许多经纪人各自独立做出决策,并不会带来一片混乱,实际上是各自对产生社会最优状态做出贡献.这一观念事实上提出了一个有中心重要性的科学问题.在试图回答这个问题时,已经激起了一系列每个经济系统必须解决的问题的研究,诸如资源配置的有效性、决策的分散化、信息的处理.

至此,我们相当详细地引述了德布鲁教授的诺贝尔奖讲演.从他的讲演,我们不仅知道了一般经济均衡理论在数理经济学中的历史和地位,初步领会了一般经济均衡理论的思考方法,而且特别知道了阿罗和德布鲁的主要贡献之一,就是证明了经济均衡点即帕累托最优状态是存在的.下一节,我们要介绍阿罗和德布鲁是怎样证明经济均衡点的存在性的,并且,斯卡夫等学者也正沿着这条路走下去.

§5.2　同伦方法的经济学应用背景

阿罗和德布鲁这两位诺贝尔经济学奖获得者是怎样证明一般经济均衡理论的解的存在性的呢？即他们是怎样证明作为帕累托最优状态的均衡点确实是存在的呢？原来，他们使用的主要数学工具，是所谓**不动点定理**，特别是布劳威尔不动点定理.

后面，我们将结合经济学的含义来阐述什么叫作不动点定理. 现在，先介绍与不动点定理有关的一段故事. 20 世纪 70 年代，有人在美国数学界做了一次非正式的调查，发现 95%的数学家能够说出什么是布劳威尔不动点定理，并且懂得利用这个定理去解决一些数学问题，但是，只有 4%的数学家能够证明这个定理. 尖锐的对比发人深思. 那么容易被准确理解和被广泛应用的一个定理，其证明却那么难，这在数学史上几乎是独一无二的.

现在，我们就来说明什么是不动点定理以及怎样用它证明均衡点确实是存在的. 关心科学发展史和关心人类思想史的读者想必知道英国古典经济学的创始人亚当·斯密在他 1776 年的名著《国富论》中关于"看不见的手"的著名论述：

"每个人……所追求的只不过是他个人的安乐，只不过是他个人的利益. 当他这样做的时候，有一只**看不见的手**引导他去促进一种目标，而这种目标绝不是他愿意要追求的东西. 由于追求他自己的利益，他经常促进了社会的利益，其效果要比他真正想促进社会利益所能达到的效果还大."

这一节的内容，将帮助读者了解那看不见的手是如何按照经济规律来发挥它的神秘而巨大的作用的.

我们在介绍瓦尔拉斯法则和帕累托最优解时说过，价格向

量 $\boldsymbol{p}$ 一旦确定,第 i 个商人的需求向量 $d^i(\boldsymbol{p})$ 也就完全可以确定了,从而总的需求向量

$$d(\boldsymbol{p}) = d^1(\boldsymbol{p}) + d^2(\boldsymbol{p}) + \cdots + d^m(\boldsymbol{p})$$

也就完全确定了. 但是,商品的总库存是由总初始库存向量 $\boldsymbol{w}$ 表示的,所以,该交换经济的总的过需求向量

$$g(\boldsymbol{p}) = d(\boldsymbol{p}) - \boldsymbol{w}$$

也就确定了.

过需求向量用分量表示,就是

$$g(\boldsymbol{p}) = (g_0, g_1, \cdots, g_n),$$

其中每个分量是

$$g_j = (d_j^1 + d_j^2 + \cdots + d_j^m) - (w_j^1 + w_j^2 + \cdots + w_j^m).$$

其中,d_j^i 表示商人 i 对商品 j 的需求,w_j^i 则表示商人 i 对商品 j 的初始拥有量,所以,从上式可知,g_j 表示在这个纯交换经济市场上对商品 j 的总需求和初始总库存的差额. 如果 $g_j>0$,就表示供不应求;如果 $g_j<0$,就表示供大于求.

市场上的实际情况是怎样的呢? 在一个自由贸易的纯交换经济市场上,某种商品供不应求,它的价格就会上升;某种商品供大于求,它的价格就会下降. 这是每个人都理解的市场调节机制. 由于这种市场的自我调节作用,价格因供需关系而变化,最后形成新的价格向量 $\boldsymbol{p}'$.

举一个例子,设原来的价格向量是

$$\boldsymbol{p} = (0.2, 0.5, 0.3),$$

根据这个价格向量,过需求向量是

$$g(\boldsymbol{p}) = (3, -4, 0).$$

这就是说,第 0 种商品原来的价格是 0.2,现在 $g_0=3>0$,表示供不应求,供应量和需求量之间有一个 3 单位的缺口. 既然供不

应求，这种商品的价格就要上升，比如说从0.2上升到0.3.再看第1种商品，原来的价格是0.5，而$g_1=-4<0$，表示存货多，要的人少，供大于求.于是，这种商品的价格就要下降，比如说从0.5下降到0.4.第2种商品原来的价格是0.3，由于$g_2=0$，就表示供需平衡，所以这种商品的价格保持不动.最后，我们得到新的价格向量

$$\boldsymbol{p}'=(0.3,0.4,0.3).$$

由

$$\boldsymbol{p}=(0.2,0.5,0.3),$$

得到

$$g(\boldsymbol{p})=(3,-4,0),$$

经过调节，形成

$$\boldsymbol{p}'=(0.3,0.4,0.3).$$

这是一个循环.因为$g(\boldsymbol{p})$有一些分量不是0，我们可以判断原来的价格向量$\boldsymbol{p}$无法使市场达到平衡，需要进行调整.（请注意，这是自由贸易市场自发的调节能力.我们做以上计算，只不过是模拟市场调节.）调整的结果是得到新的价格向量$\boldsymbol{p}'$.这个$\boldsymbol{p}'$怎么样呢？是否能使市场上的供需达到平衡？这又要按照这个$\boldsymbol{p}'$算出新的过需求向量$g(\boldsymbol{p}')$.假如说

$$g(\boldsymbol{p}')=(1,-1,0),$$

表示第0种商品仍然供不应求，应当把价格再升上去；第1种商品还是供大于求，价格看跌.这样再调整的结果，又会得到更新的价格向量$\boldsymbol{p}''$，比方说

$$\boldsymbol{p}''=(0.35,0.35,0.3).$$

这时候如果过需求向量

$$g(\boldsymbol{p}'')=(0,0,0),$$

就说明 $\boldsymbol{p}''$这个价格向量已经使市场的供需达到平衡. 按照第 0 种商品价格 0.35,第 1 种商品价格 0.35,第 2 种商品价格 0.3 进行自由交换,结果对每种商品的总需求正好等于总的初始库存. 这时候,这个纯交换经济就达到了帕累托最优状态,各位商人都感到满意. 这时,商人之所以感到满意,正如前一节介绍的,是因为如果他想再提高他的效用函数值,他就将付出额外的代价. 也就是说,按照他的财富的现状,经过自由交换,他所拥有的商品的组成情况已经朝着他理想的方向变化了许多,他的效用函数因此提高了许多,他的偏好的满足程度也提高了许多. 如果再想提高,就会损及别人的利益,同时自己也要付出额外的代价. 认识到这一点,商人们就相对满足了.

从上面举的这个例子,读者可能觉得在自由贸易的纯交换经济里,价格调整是很自然的和很简单的. 以为很自然,这是对的. 以为很简单,这就错了. 实际价格调整过程非常复杂,根本不是我们这本书能够准确说明的.(例如,怎样从 $\boldsymbol{p}$ 算出$g(\boldsymbol{p})$,又怎样从 $g(\boldsymbol{p})$算出新的 $\boldsymbol{p}'$,在上面的例子里都故意回避了. 这是一个非常复杂的过程,所以我们在例子中只能够“定性地”加以说明.)

在上面的例子中,我们假设找到了使经济平衡的所谓**均衡价格**[(0.35,0.35,0.3)],或者说**均衡点**. 但是,这样的均衡价格或均衡点是否一定存在呢? 会不会调节来调节去都达不到平衡呢? 回答是均衡点一定存在,也就是说,一定有一组价格,使一个纯交换经济市场达到平衡.

道理是这样的:从 $\boldsymbol{p}$ 经过 $g(\boldsymbol{p})$的调节作用得到 $\boldsymbol{p}'$,这在上面已经说明了. 现在把 $g(\boldsymbol{p})$的调节过程暂且不管,只看开始的价格向量 $\boldsymbol{p}$ 和调节后的价格向量 $\boldsymbol{p}'$,我们就知道,有一个价格向

量 $\boldsymbol{p}$ 就会得到一个调节后的价格向量 $\boldsymbol{p}'$. $\boldsymbol{p}$ 和 $\boldsymbol{p}'$ 既然都是价格向量，根据我们在前面所做的规范化处理，它们都是有 $n+1$ 个分量的向量，每个分量都不是负数，$n+1$ 个分量加起来正好等于 1. 今后，我们把这种所有分量都不是负数并且所有分量加起来正好等于 1 的价格向量，叫作**规范化的价格向量**.

现在我们来看看，规范化的价格向量

$$\boldsymbol{p}=(p_0, p_1, \cdots, p_n)$$

作为有 $n+1$ 个分量的 $n+1$ 维向量，在所有 $n+1$ 维价格向量构成的 $n+1$ 维空间中占据怎样的位置，形成怎样的几何图形. 高维空间的几何图形不好想象，我们就从最低维（n 最小）的情况开始.

先看 $n=1$. 这时 $n+1=2$，也就是说有 2 种商品，所以价格向量也是 2 维的，即由两个分量组成，因此价格空间也就是 2 维的空间，这就是读者熟悉的带有直角坐标系的平面.

我们说过，在用几何方法讨论问题的时候，因为向量都是从坐标原点出发的，所以我们把**点**和从原点到这个点的**向量**看成是一样的. 说(3,4)是一个点，就是说横坐标是 3、纵坐标是 4 的那个点；说(3,4)是一个向量，就是说从原点指向(3,4)这个点的向量. 按照多数读者的习惯，建议大家听到向量的时候，首先把它理解成你们心目中的点.

平面上分量都非负的向量即坐标都非负的点在哪里呢？它们都在第一象限，即都在两条坐标轴将平面分割成四块的右上角的一块. 再看两个分量加起来等于 1 的向量在哪里呢？这些点都符合 $x_0+x_1=1$ 这个方程，所以都在经过点(0,1)和点(1,0)的直线上. 由此可见，平面上的规范化的单价向量，因为它们所有分量都非负并且所有（这时是两个）分量之和为 1，所以都在以(0,1)和(1,0)为端点的线段上,我们把这个线段记作 S^1,如图 5.3 所示.

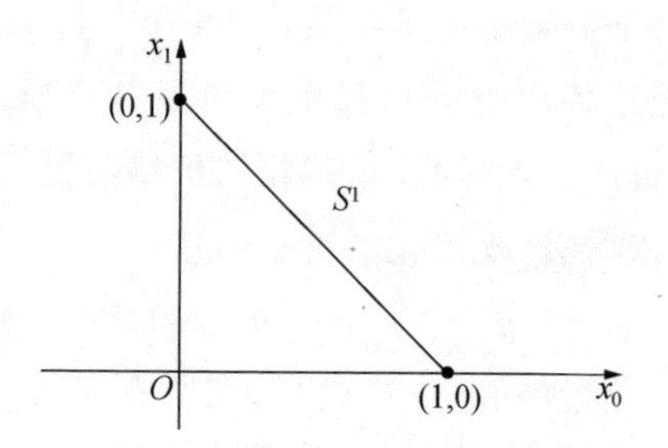

图 5.3 $n=1$ 时规范化的价格向量的集合 S^1

再看 $n=2$. 这时,$n+1=3$,就是说在该纯交换经济中有 3 种商品,所以价格向量也有 3 个分量,即价格向量是 3 维的. 因此,价格空间是 3 维的空间,就是人们在立体几何或解析几何中熟悉的 3 维空间. 在这个空间中,也有了立体的直角坐标系,一共有 3 条坐标轴.

在 3 条坐标轴中,每两条确定一个平面,称为坐标平面. 共有 3 个坐标平面,像用 3 刀把空间切成 8 块. 价格向量的分量都不是负数,所以表示价格向量的点都在图中面对读者的一块空间中. 规范化的价格向量除了每个分量都不是负数以外,还要所有分量加起来等于 1. 所以,规范化的价格向量(x_0,x_1,x_2)的点除了 $x_0 \geqslant 0$,$x_1 \geqslant 0$ 和 $x_2 \geqslant 0$ 之外,还要符合下述方程:

$$x_0 + x_1 + x_2 = 1.$$

符合 $x_0 + x_1 + x_2 = 1$ 这个方程的点都在经过(1,0,0),(0,1,0)和(0,0,1)这 3 个点的平面上,这个平面被坐标平面 3 刀切下去就剩下一个三角形,其顶点分别就是(1,0,0),(0,1,0)和(0,0,1). 由此可见,规范化的价格向量都在这个三角形上. 我们把以

(1,0,0),(0,1,0)和(0,0,1)为顶点的这个三角形记作 S^2，如图 5.4所示.

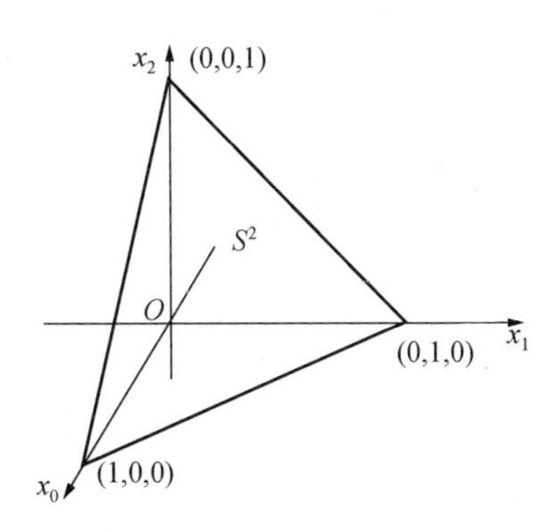

图 5.4　$n=2$ 时规范化的价格向量的集合 S^2

$n=3$ 的情况是怎样的？这时，$n+1=4$，即有 4 种商品，所以价格空间也是 4 维的. 但是，人类生活的位置空间是只有长、宽、高的 3 维空间，4 维空间就画不出来了. 不过，利用讨论$n=1$和 $n=2$ 时得到的规律，读者现在不难理解 $n=3$ 时规范化的价格向量形成了怎样的几何图形. 规律是这样的：

$n=1$ 时，规范化的价格向量形成的几何图形是以(1,0)和(0,1)为端点的线段 S^1. 在数学上，S^1 是一个 1 维单纯形.

$n=2$ 时，规范化的价格向量形成的几何图形是以(1,0,0),(0,1,0)和(0,0,1)为顶点的三角形 S^2. 在数学上，S^2 是一个2 维单纯形.

$n=3$ 时，规范化的价格向量形成的几何图形是以(1,0,0,0),(0,1,0,0),(0,0,1,0)和(0,0,0,1)为顶点的四面体 S^3. 在数学上，S^3 是一个 3 维单纯形.

为什么叫作单纯形？读者可以暂时把它理解为最简单的有限的几何图形. 1 维单纯形 S^1 指的是具有长度的最简单的几何

图形——线段;2 维单纯形 S^2 指的是具有面积的最简单的几何图形——三角形;而具有体积的最简单的几何图形是四面体,所以四面体叫作 3 维单纯形,如图 5.5 所示.

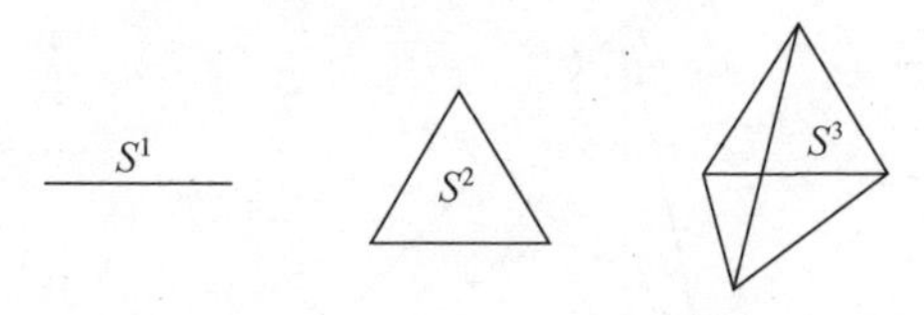

图 5.5　1、2、3 维单纯形

按照 $n=1,n=2,n=3$ 这样的规律,可以总结如下:所有 $n+1$维规范化的价格向量

$$\boldsymbol{p}=(p_0,p_1,\cdots,p_n)$$

形成的几何图形是 n 维单纯形 S^n. 换句话说,每个 $n+1$ 维规范化的价格向量 $\boldsymbol{p}$ 都在 n 维单纯形 S^n 上. 这个事实,我们把它记作 $\boldsymbol{p}\in S^n$,$\in$ 符号表示属于、位于,$\boldsymbol{p}\in S^n$ 就表示价格向量位于 S^n 上,所以 $\boldsymbol{p}$ 是一个规范化的价格向量.

前面说过,价格向量 $\boldsymbol{p}$ 定了以后,过需求向量 $g(\boldsymbol{p})$就随之确定了,而过需求向量 $g(\boldsymbol{p})$又按照“供不应求则单价上升、供大于求则价格下降”的市场调节机制,确定一个新的价格向量 $\boldsymbol{p}'$. 把 $\boldsymbol{p}$ 怎样确定 $g(\boldsymbol{p})$,$g(\boldsymbol{p})$又怎样确定 $\boldsymbol{p}'$这两个非常复杂的市场调节过程的细节撇开不管,我们可以看到,有一个 $\boldsymbol{p}$,就可以得到一个新的 $\boldsymbol{p}'$与之对应. 所以,市场调节机制在 S^n 到 S^n 之间建立了一个对应,有一个 $\boldsymbol{p}\in S^n$,就有一个 $\boldsymbol{p}'\in S^n$. 这个对应关系非常复杂,但我们可以用一个抽象的符号 f 来表示. “抽象”似乎可怕,但抽象的符号有一个极大的优点,就是避开那些干扰我们研究问题的注意力的错综复杂的细节.

现在,$f:S^n\rightarrow S^n$ 表示从 S^n 到 S^n 的一个对应. 有一个 $\boldsymbol{p}\in S^n$,

就有一个 $\boldsymbol{p}'\in S^n$ 与之对应，这个 $\boldsymbol{p}'$ 今后就记作 $f(\boldsymbol{p})\in S^n$，至此，读者可以避开无关紧要的细节，紧紧抓住纯交换经济价值规律运动的本质，那就是：有一个价格向量 $\boldsymbol{p}\in S^n$，就可以通过市场调节得到一个新的价格向量 $f(\boldsymbol{p})\in S^n$.

作为市场调节这个极端复杂的过程的一个抽象的代表，对应 $f:S^n\to S^n$ 应当是**连续**的. 这就是说，如果两个价格向量 $\boldsymbol{p}$ 和 $\boldsymbol{q}$ 相差很少，那么它们的后果 $f(\boldsymbol{p})$ 和 $f(\boldsymbol{q})$ 也相差很少，即它们经调节后分别得到的新的价格向量相差也很少. 这是符合人们对市场经济的实际体验的.

用一句话总结以上全部讨论，就得到**有限纯交换经济的基本规律**：

市场调节 $f:S^n\to S^n$ 是从 S^n 到 S^n 本身的一个连续对应.

至此，就可以证明经济均衡点确实是存在的了. 1912 年，荷兰数学家布劳威尔提出并且证明了一个不动点定理. 这个定理非常重要，非常有用，后来就叫作**布劳威尔不动点定理**. 这个定理说：

只要 $f:S^n\to S^n$ 是从 S^n 到 S^n 本身的一个连续对应，f 就一定有不动点.

按照最简单的三段式逻辑推理，既然只要 $f:S^n\to S^n$ 是一个连续对应，它就一定有不动点，而市场调节 $f:S^n\to S^n$ 正是一个连续对应，所以市场调节 $f:S^n\to S^n$ 一定有不动点. 这样，我们就得到了一个重要的结论：

市场调节 $f:S^n\to S^n$ 一定有不动点.

这个结论为什么重要？不动点是什么意思？请看，$\boldsymbol{p}\in S^n$ 是一个规范化的价格向量，经过市场调节 f，变成新的规范化的价格向量 $f(\boldsymbol{p})\in S^n$，所以，市场调节使 $\boldsymbol{p}\in S^n$ 变成 $f(\boldsymbol{p})\in S^n$. 一般说来，$\boldsymbol{p}$ 和 $f(\boldsymbol{p})$ 是不相等的. 但是如果 $\boldsymbol{p}$ 和 $f(\boldsymbol{p})$ 相等，即 $\boldsymbol{p}=f(\boldsymbol{p})$，就是说这个价格向量 $\boldsymbol{p}$ 经过市场调节保持不变，没有动，$\boldsymbol{p}$ 就叫作对应 f 的不动点.

在前面，我们已经介绍过不动点. 但是，现在应当着重从经济学的意义来理解不动点的含义. $\boldsymbol{p}$ 是市场调节 f 的不动点，就是说，按照 $\boldsymbol{p}$ 这个价格向量，市场的过需求向量$g(\boldsymbol{p})$正好等于 0，供求正好平衡，所以价格不需要再调整了，或者换一个说法，价格经过“调整”，还维持原样不动. 这样一种供求正好平衡的状态，不就是人们称之为经济均衡的最优状态吗！可见，在经济学里，不动点就意味着经济均衡状态. 所以，不动点也就是均衡价格. 按照均衡价格去进行交换，供求平衡，每个商人都使自己的效用函数达到极大，整个纯交换经济系统达到帕累托最优状态.

现在再把前面得到的重要结论“翻译”成纯粹经济学的语言，就是：

有限纯交换经济系统一定会有均衡状态.

这就是获得诺贝尔经济学奖的阿罗-德布鲁定理的一种最通俗的说法. 阿罗教授和德布鲁教授就是利用数学上的不动点定理来达到他们在经济学上的这项巨大成就的. 绝大多数数学家尚且知其然不知其所以然的布劳威尔不动点定理竟然在经济学的肥沃田野上开出鲜艳的花，结出丰硕的果，真是 20 世纪科学发展史上值得大书一笔的故事.

斯卡夫开创不动点算法

一般经济均衡理论已经获得了两顶诺贝尔奖桂冠. 仅仅由于这个原因人们就会推崇这门学说的话，那还是带有一点盲目性的. 本书的读者则有较深一层的体会，他们对亚当·斯密二百多年前在《国富论》一书中关于“看不见的手”的著名论述的理解，具体得多了. 一般经济均衡理论说，当每个人追求自己的利益时，他经常促进了整个社会的利益，其效果要比他真正想促进社会利益时所得到的效果更大. 商品经济的发展，果真会带给人类这样一幅和谐美好的图画吗？这里面，不但有思想体系和社会制度的问题，而且有深刻的哲学问题. 这些问题，绝不是几百篇论文，几十本专著或十年、二十年的研究能够解决的，更不可能在我们这本书中得到一般性的答案. 我们宁愿把这些问题留给社会实践和人类历史去解决. 但是，如果从系统理论的观点来看待亚当·斯密的名言，他实际上提出了一个意义十分深远的问题(史树中教授语)：

假设有一个包含许许多多小系统的大系统，大系统有一个总的目标，小系统也各有各的小目标. 试问，是否可能存在一只“看不见的手”来对各小系统进行引导，使得每个小系统都只需追求各自的小目标最优，就能使大系统的总目标达到最优？

这样的问题在社会科学和自然科学的许多地方都会遇到. 例如我们可以设想上述的系统是一个工业控制系统，或者是经济管理系统，甚至是生态系统等. 这也就是我们研究一般经济均衡问题的意义所在. 亚当·斯密在写他的《国富论》时，恐怕并未对他自己的名言做这样的理解. 两百多年社会发展和科学发展的结果，才使问题达到了现在这样的深度.

回到数理经济学来，阿罗教授和德布鲁教授在所做的理想化假设下，证明了：

有限纯交换经济系统一定会有均衡状态.

这项研究成果是很好的. 但是，有没有不尽如人意的地方呢？这项研究成果是否已经令人满意得只需要欣赏和喝彩了呢？

阿罗和德布鲁的成就是很大的，但是人们并不满足.为什么？道理很简单：阿罗和德布鲁的定理告诉人们，均衡价格是存在的；至于均衡价格究竟是什么，是多少，怎么算，那就对不起，请你另找高明.

这种缺陷是从数学方面继承过来的.在数学上，有一些理论是回答“问题有没有解”的，这种理论称为是**存在性的**.另外有一些理论是教给你“怎样找问题的解”的，这样的理论称为是**构造性的**.存在性的理论有很大的价值.例如，数学家已经证明不能只用直尺和圆规三等分任意一个角，那我们就不必再在这上面花费力气，而是要另想办法.反过来，如果根据存在性的理论已经判明某个问题的解是存在的，那就值得千方百计把它找出来.单是存在性，也有不足之处.好比一个人问路，你告诉他，路是有的，至于怎么走，请自己去找.这样的理论，往往就不能帮助人们彻底地解决面对的问题.面对一个应用问题，不把解具体求出来，就不算已经彻底解决.构造性的理论的优点就是告诉人们怎样把解找出来，怎样把答案算出来，所以应用部门最喜欢构造性的理论.

以判断“是否存在不动点”这样的问题为例，构造性的证明方法应当是：具体(设计一种方法)把不动点找出来，说明它是存在的.纯粹存在性的(非构造性的)证明方法则往往用“反证法”：假定不动点不存在，然后引出与已知事实矛盾.再打个比方：大家知道，大熊猫幼仔的性别识别是一个非常困难的问题，常令专家们头痛.面对3只大熊猫幼仔，闭起眼睛来你也能判断其中至少有两只是性别相同的，否则会与大熊猫只有雌雄两个性别的事实矛盾.这样一个判断过程就是非构造性的.但是倘若你对大熊猫的研究很有造诣,能够具体辨认出其中有两只是雌的,并由此得出存在一对同性的大熊猫幼仔的结论,这样一个判断过程就是构造性的.反证法在逻辑上常常是漂亮的,但带给人们的信息较少.相反,虽然构造性的讨论有时辛苦一点,却不但肯定了“存在”的事实,还指示如何把这个“存在”找出来.

阿罗和德布鲁是依靠数学上的不动点定理来证明均衡价格的存在的.在他们那个时候(二十多年前)①,数学家还没有发明计算布劳威尔不动点的有效方法,那时候的布劳威尔不动点定理还纯粹是存在性的,不是构造性的.所以,阿罗和德布鲁关于“均衡价格肯定存在”的定理,也就不是构造性的.阿罗和德布鲁的定理告诉人们最优状态是存在的,但没有告诉人们怎样找到这个最优状态,这就是美中不足之处.

知不足然后有进取.经过多年艰苦的研究,美国耶鲁大学经济学系教授赫伯特·斯卡夫在1967年发表了一篇论文,提出了一种计算布劳威尔不动点的方法.从此,均衡价格不但是肯定存在的,而且可以具体计算出来了.

现在,我们对于比较简单的 $n=2$ 的情况,介绍一下斯卡夫计算均衡价格的方法.这种方法,还有点数学游戏的色彩呢.

$n=2$,那么 $n+1=3$,只有3种商品,所以规范化的价格向量是这样的 $\boldsymbol{p}=(p_0,p_1,p_2)$.价格向量都在2维单纯形 S^2 上.经过市场调节 f,得到新的价格向量 $f(\boldsymbol{p})$. $f(\boldsymbol{p})$ 也在 S^2 上,所以也有3个分量,记作

$$f(\boldsymbol{p})=(f_0(\boldsymbol{p}),f_1(\boldsymbol{p}),f_2(\boldsymbol{p})),$$

或者更简单地,记作 $f(\boldsymbol{p})=(f_0,f_1,f_2)$.

① 本书写于1990年.——编者注

从 $\boldsymbol{p}=(p_0,p_1,p_2)$经过市场调节 f 的作用,变成 $f(\boldsymbol{p})=(f_0,f_1,f_2)$,有些分量可能变大,有些分量可能变小.斯卡夫想,如果能找到一个价格向量 $\boldsymbol{p}$,在市场调节 f 作用以后,所有分量都不变大,这就一定是均衡价格."所有分量都不变大"的市场意义是什么呢,就是每种商品都不涨价.朴素的顾客心理学促使我们认为,这样的状态当然是最优状态.这种朴素的直觉是有启发性的,但并不是科学的论证.因为价格向量各分量之和总是 1,所有分量都不变大的话,那么每个分量也不能减小(否则怎么能维持"加起来等于 1"的性质呢),所以这时必须 $f_0=p_0$,$f_1=p_1$,$f_2=p_2$,都没有变,$\boldsymbol{p}=f(\boldsymbol{p})$,价格向量 $\boldsymbol{p}$ 在经过"供不应求则价格上升,供大于求则价格下降"的市场调节 f 的作用以后保持不动,所以价格向量 $\boldsymbol{p}$ 确是均衡价格.斯卡夫教授明确了这种想法以后,就想办法设计寻找所有分量都不变大的那些价格的方法.下面介绍的就是在斯卡夫发明以后,经过别的经济学家和数学家改进了的方法.

在本书中,我们还是将其称为斯卡夫方法.

斯卡夫把三角形(2 维单纯形)很规则地分解为许多小三角形.然后就要计算小三角形的某些顶点.因为 S^2 上的点都是规范化的价格向量,所以这些顶点也都是规范化的价格向量.现在,盯住规范化的价格向量 $\boldsymbol{p}=(p_0,p_1,p_2)$的不等于 0 的分量,**经过市场调节 f 以后**,若非 0 的 p_0 不变大,给 $\boldsymbol{p}$ 标号 0;若非 0 的 p_1 不变大,给 $\boldsymbol{p}$ 标号 1;若非 0 的 p_2 不变大,给 $\boldsymbol{p}$ 标号 2;

如果按此规则可以给 $\boldsymbol{p}$ 不止一个标号,就规定只给它最小的那个标号.这样一来,每个小三角形的顶点就都可以得到一个**标号**,标号是一个号码,是 0 或 1 或 2 的一个号码.

例如,

$$\boldsymbol{p}=(0.2, 0.47, 0.33)$$

变成 $f(\boldsymbol{p})=(0.2, 0.45, 0.35)$，$p$ 的 3 个分量都不是 0，所以3 个分量都要检查经过市场调节 f 作用以后是否不变大. 结果，$p_0=0.2 \rightarrow f_0=0.2$ 没有变大，可以标号 0；$p_1=0.47 \rightarrow f_1=0.45$ 也没有变大，也可以标号 1；$p_2=0.33 \rightarrow f_2=0.35$ 变大了，不可以标号 2. 最后，在 0 和 1 中选小的一个，$\boldsymbol{p}$ 的标号是 0.

请读者对照着看图 5.6 和图 5.7，大三角形 S^2 有 3 条边. 在底边上的价格向量 $\boldsymbol{p}=(p_0, p_1, p_2)$，都符合 $p_2=0$. 按照斯卡夫的标号规则，要盯住非 0 分量，现在 $p_2=0$，所以底边上的价格向量的标号不会是 2. 同样的道理，左侧边上的价格向量的 $p_1=0$，所以左侧边上的点（点也就是价格向量）的标号不会是 1；右侧边上的价格向量的 $p_0=0$，所以右侧边上的点的标号不会是 0. 每个顶点都算一下标号，就可以得到像前面图 5.7 那样的情况，其中数码 0，1，2 都是标号. 请注意底边上没有标号 2，左侧边没有标号 1，右侧边没有标号 0.

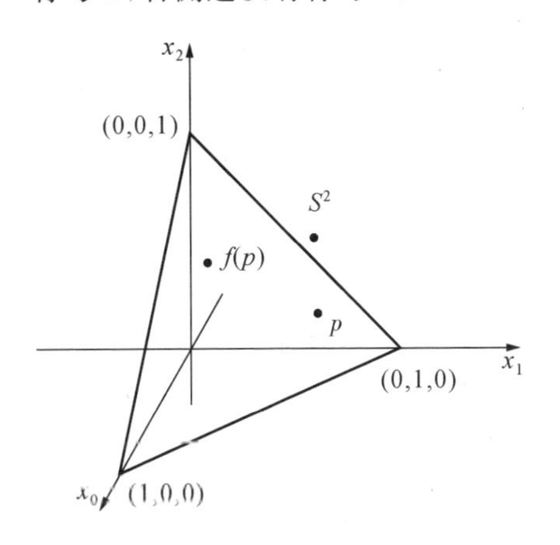

图 5.6　斯卡夫方法

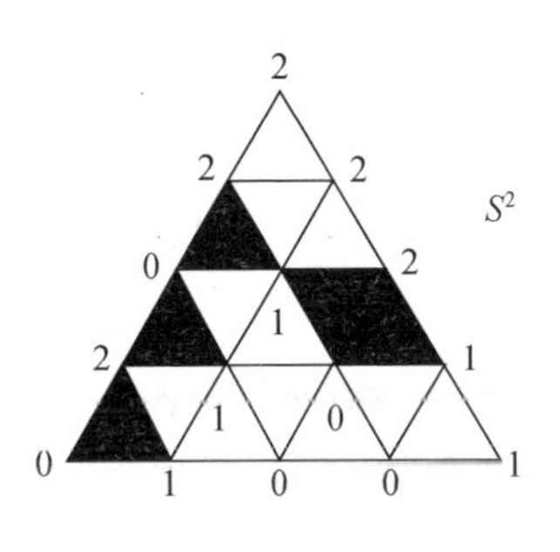

图 5.7　全标三角形

1928 年,德国数学家 E. 斯派奈(E. Sperner)证明过一个定理. 这个定理说:如果把一个大三角形(规则地)分成许许多多小三角形,然后往小三角形的每个顶点上随便丢 0 或 1 或 2 之中的一个号码,那么,只要底边上没有 2,左侧边上没有 1,右侧边上没有 0,就一定有一个小三角形,它的 3 个顶点的号码都不相同.

你可以自己多画几张图,随心所欲地往顶点上丢 0 或 1 或 2 的号码,并且底边上不许用 2,左侧边上不许用 1,右侧边上不许用 0. 每一次,你都会发现一定有三个顶点号码都不相同的小三角形. 在图 5.7 上,这样的小三角形一共有 5 个. 斯派奈其实证明了,这样的小三角形的数目一定是奇数. 所以,至少有一个.

号码只有 0,1,2 三种. 3 个顶点的号码都不同,那么肯定有一个顶点标号为 0,有一个顶点标号为 1,有一个顶点标号为 2. 这样的小三角形,各种(3 种)标号都有,叫作完全标号三角形,简称**全标三角形**.

斯卡夫想,只要找到很小很小的全标三角形,均衡价格就找到了. 为什么呢? 三角形很小,各顶点都很接近,所以各顶点的行为就差不多. 如果这个小三角形是全标三角形,有一个顶点标号 0,说明在这个顶点 p_0 不变大;有一个顶点标号 1,说明在这个顶点 p_1 不变大;另一个顶点标号 2,说明在该顶点 p_2 不变大. 这 3 个顶点靠得很近,它们的行为(经过市场调节 f 的作用后的变化情况)就相差无几. 所以,每个顶点 $\boldsymbol{p}$ 的 3 个分量 p_0,p_1,p_2 差不多都不变大. 前面说了,每个分量都不变大,但它们加起来总等于 1,必须每个分量都保持不动,这不正是梦寐以求的不动点——均衡价格吗?

读者会问,上面一段话里,有“差不多”如何如何的说法,科学上允许“差不多”吗?

的确,科学上是不允许马马虎虎的.但是,“差不多”并不等于“马虎”.科学上有许多问题是不能够“差不多”的,有时候,会“差之毫厘,谬以千里”.在这种时候,“差不多”是会误事的.不过,科学上也有许多问题是允许说“差不多”的.例如,我们说“当 x 很大的时候,$1/x$ 差不多等于 0”,这句话就没有错.虽然 $1/x$ 永远不等于 0,但只要 x 很大,$1/x$ 要多么小有多么小,这就是我们说 $1/x$ 差不多等于 0 的真正含义.我们在讲斯卡夫方法时说的“差不多”,就是这种意思.这不但是一种合理的说法,而且是可以用微积分来证明其严格性的.科学上还有一些问题是一定要说“差不多”的,不允许“差不多”还不行.例如,测量地球到太阳的距离就是这样一个问题,如果一定要绝对准确,准确到 1 厘米、1 毫米,甚至 1 微米,那干脆谁也别想去解决这个问题.

言归正传,我们要找到小的全标三角形.斯派奈的定理说一定有小的全标三角形,但没告诉我们怎么把它找到.斯卡夫教授发明了一种巧妙的方法(实际上是别人受斯卡夫的启发后发明的方法,比斯卡夫原来的方法简单得多,又容易理解,所以我们就介绍这种改进了的方法):

在原来规则地分割成许多小三角形的大三角形下面,人为地添上一层小三角形.这样就新添了一层顶点,这些顶点用人为的标号,使得左面几个顶点的标号全是 0,右面几个顶点的标号全是 1.这样,在人为添上去的底边上,有一条并且只有一条小三角形的边,左端标号是 0,右端标号是 1(图 5.8 中∧处),这条边就是找全标小三角形的出发点.**从这个出发点开始,按照“标号 0 的顶点在左方,标号 1 的顶点在右方”的规则前进,一定可以在**

有限步内找到一个全标小三角形.

图 5.8 中从△开始,穿越几个小三角形,就到达我们要找的全标小三角形了.

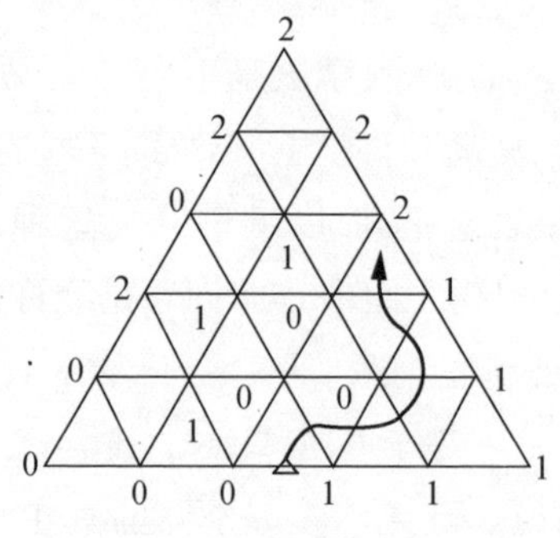

图 5.8 寻找全标三角形的方法

看起来,这种 20 世纪 60 年代和 70 年代才发明的寻找(计算)不动点和均衡价格的方法,还是挺有趣的.既不深奥,也不抽象,中学生也可以理解.用这种方法找全标小三角形,一定会成功吗?

现在,我们就来证明,用这种方法找全标小三角形,是一定会成功的.首先请读者注意,这个扩大了的大三角形的边缘上,只有一条小边是一端标号是 0,另一端标号是 1 的,它就是计算的出发点.大三角形左边原来缺标号 1,现在人为地添了一个 0,还是缺标号 1,所以大三角形左边上没有一头 0、一头 1 的小边.大三角形右边原来缺标号 0,现在人为地添了一个 1,还是缺标号 0,所以大三角形右边上也没有一头 0、一头 1 的小边.可见,扩大了的大三角形边缘上,一头 0、一头 1 的小边确实只有一个(图 5.8 中的△).假如按照 0 在左、1 在右的规则前进一直找不到全标小三角形,假如跑遍了所有小三角形也未遇上一个全标小三角形,那么图 5.8 中代表前进踪迹的曲线就会穿出大三角形的边缘,并且按照规则,穿出去的地方的那条小边一定是一头 0、一头 1.这么一来,扩大了的大三角形的边缘上就至少有两条小边是一头 0、一头 1 了,不符合这样的小边只有一条的事实.所以,一定会找到全标小三角形.

明白了这种方法一定可以找到全标小三角形以后,比较细心的读者会问:会不会找到一个假的全标小三角形呢? 因为我们把原来的大三角形扩充了一层,最底层都用**人为**的标号,不是原来**真正**的标号.人为标号会不会正好凑成一个人为的"全标"小三角形呢? 其实,不用担心.记得原来的大三角形的底边上缺少标号 2,人为的底边上只有标号 0 和 1,也缺少标号 2.扩充的大三角形只比原来的大三角形多那么一层,这层上下都缺少标号 2.所以,只要找到全标小三角形,就一定是在原来的大三角形中,不会是假的全标小三角形.

找到的全标小三角形越小,把它上面的点拿来做不动点就越准确,也就是说,全标小三角形越小,把它上面的向量(前面说过,点也就是向量,是规范化的价格向量)拿来作为均衡价格就越准确.要使小三角形小,只要格子分细一些就行了.上面"标号 0 的顶点在左侧,标号 1 的顶点在右侧"的前进规则,是很容易编成程序让电子计算机做的.所以,不论分得多么细,不论小三角形的数目多么大,有了电子计算机的帮助,均衡价格就很容易算出来,要多么精确有多么精确(图 5.9).有限纯交换经济均衡价格的计算方法问题,就这样被斯卡夫教授解决了.

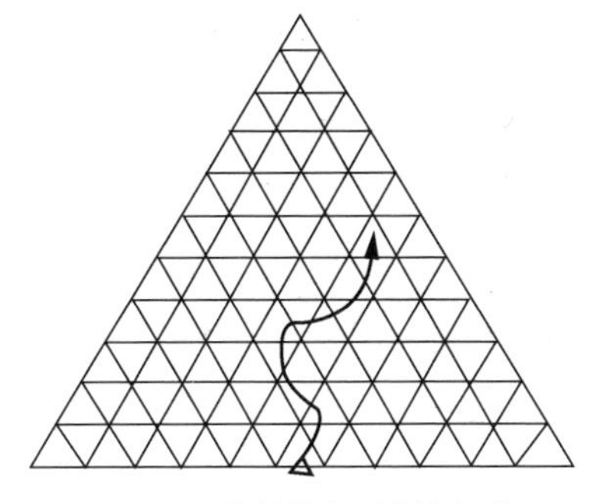

图 5.9　分割越细,计算越准

斯卡夫为了解决均衡价格的计算问题发明了上述算法.阿罗教授和德布鲁教授证明了均衡价格是存在的,所以荣获了诺贝尔经济学奖(当然,还有一些别的成就).现在,斯卡夫说,均衡价格不但是存在的，而且我有办法把它算出来．能算出来，当然比只肯定存在而不知道如何去算要强得多．

均衡价格就是不动点．斯卡夫的方法，实际上是计算布劳威尔不动点的方法．除了数理经济学的一般经济均衡理论以外，数学（特别是应用数学）方面的许多问题，也都相当于寻求和计算不动点的问题．例如，要解方程

$$7x^9 - 12x^5 + 18x - 75 = 0$$

就相当于求

$$\begin{aligned} f(x) &= (7x^9 - 12x^5 + 18x - 75) + x \\ &= 7x^9 - 12x^5 + 19x - 75 \end{aligned}$$

的不动点的问题．因为如果你找到了 $\bar{x}$ 是 $f(x)$ 的不动点，就是说 $f(\bar{x})=\bar{x}$，也就是

$$7\bar{x}^9 - 12\bar{x}^5 + 19\bar{x} - 75 = \bar{x},$$

所以

$$7\bar{x}^9 - 12\bar{x}^5 + 18\bar{x} - 75 = 0.$$

可见这个 $\bar{x}$ 就是原方程的解（原方程的根）．

一般来说，假如要解方程

$$g(x) = 0,$$

（这里 g 如同 f，都是表示函数的一个抽象符号），我们就可以构造一个新的函数 $f(x)$，使得

$$f(x) = g(x) + x,$$

然后想办法算出 $f(x)$ 的不动点．如果算出 $\bar{x}$ 是 $f(x)$ 的不动点，那么 $f(\bar{x})=\bar{x}$，也就是

$$f(\bar{x}) = g(\bar{x}) + \bar{x} = \bar{x},$$

两边各消去一个 $\bar{x}$，就得到

$$g(\bar{x}) = 0,$$

可见 $\bar{x}$ 一定是原方程

$$g(x)=0$$

的解.

如果遇上一个比较简单的方程 $g(x)=0$，我们可以直接算出它的根. 例如，一元二次方程有现成的求根公式，直接算就可以了. 但如果遇上一个比较复杂的方程 $g(x)=0$，用普通的方法算不出来，就可以试试能不能把

$$f(x)=g(x)+x$$

的不动点算出来. 倘若能把 $f(x)$ 的不动点算出来，正如上面所说，算出来的那个点（那个数，那个值）也就是原方程 $g(x)=0$ 的解.

以前算不动点是一件很困难的事，只有一小部分情况不动点是可以算出来的，大部分情况还是：不动点是有的（存在的），但不知怎么算. 现在，有了斯卡夫发明的计算不动点的方法，许多过去不能算的不动点问题，现在都能算出来了. 解方程，算不动点，本来是数学方面的事情. 现在，经济学家斯卡夫为了解决均衡价格的计算问题，发明了不动点的计算方法，这同时也就成为数学上解方程方面的一大进展. 这是 20 世纪经济学的发展反过来推动数学发展的典型事例.

上面举例说到的方程其实还是非常简单的. 科学家、工程师经常处理的方程要复杂得多. 为了解这些方程，往往要借助于微分学、积分学等高深的数学理论来帮忙. 但是，斯卡夫的方法却特别简单，就算 0，1，2 这样的号码，什么微积分也用不着. 科技工作者知道，当你求助于微积分的时候，你所处理的函数必须比较“好”，不要“太调皮”. 数学上，“非线性”就是“调皮”的一种表示. 有些问题如果是非线性的，简直就没法处理，只好变成近似

的线性问题来解决.但是,斯卡夫这种通过算 0,1,2 这些号码来计算不动点的方法,却根本不管函数“调皮不调皮”,都可以一直算下去.斯卡夫的方法不需要算微分,也不需要算差分(什么是微分和差分,读者可暂不管),所以能够处理非常“调皮”的函数,也就是处理“高度非线性”的函数.

因此,自从斯卡夫发明的方法在 1967 年发表以后,许多数学家跟着这位经济学家的发明走,共同创立了一种崭新的计算方法,叫作单纯不动点算法.应用数学界认为,它是“高度非线性问题”计算的有效方法.

在前几个世纪,总是天文学、力学、物理学推动着数学的发展.到了 20 世纪,历史上离数学比较远的生物学和经济学,不仅迅速和数学相互靠拢,而且对数学的发展产生了强大的推动力.这种学科之间的交叉、渗透和相互刺激,在 21 世纪必将表现出更丰富的内容.

六　同伦方法的传奇人物:斯梅尔,斯卡夫和李天岩

§6.1　富有传奇色彩的斯梅尔

6.1.1　斯梅尔的青少年时代

1991 年初,本书作者王则柯访问伯克利加州大学经济学系期间,曾到该校数学系和计算机科学系做一题为“科学计算中的同伦方法”的报告. 报告之后,斯梅尔夫妇邀请王则柯家宴,并参观教授的矿石标本和摄影作品.

应邀家宴的还有宣晓华、王敏华夫妇. 宣晓华是杭州大学王兴华教授的高足,是继高峰之后第二位在斯梅尔教授指导下取得博士学位的来自中国大陆的学生,当时他已经工作. 王敏华当时仍是在读的学生.

许是部分由于客人略欠恭敬的“易读文章”的索求,斯梅尔教授给了一篇《传略注记片段》和一篇《什么是混沌》. 王则柯的手信,则是刊文介绍斯梅尔主要成就的一期《自然杂志》(见后篇“斯梅尔的学术生涯”).

《传略注记片段》原为 1990 年伯克利的斯梅尔而写,那是他

的 60 寿辰. 下面的故事,主要就出于《传略注记片段》的第一部分.

童　年

斯梅尔的父亲过着一种双重的生活. 他在密歇根州弗林特市通用电气公司的一个陶瓷工厂工作. 那是个白领阶层的职业,但他并不喜欢. 他自以为是一个左派革命者,动辄批评别人是改良主义,求学期间,他就因"出版刊物亵渎上帝"被大学开除. 他甚至不是一个爱国主义者. 例如,只因美国的童子军标榜体现"上帝和国家的意志",而这正是他认为最坏的东西,所以他不许儿子参加童子军. 本来,父亲一直疼爱孩子,很好沟通,但这次却不肯通融. 斯梅尔至今记得童年的这次心灵创伤:那次,虽然父亲买了礼物作补偿,他还是哭了好几天.

其实,父亲对他的影响还是很大. 斯梅尔 20 岁时才第一次走进一个教堂,就是生动的例子. 对于一个生在美国、长在美国的青年,这实在是难以想象的事. 那次,他也只是作为闲暇旅游,在法国参观著名的巴黎圣母院. 用他自己的话说,他一直对美国的社会制度和社会运作,抱清醒的怀疑态度.

斯梅尔和父母、妹妹一家四口住在离弗林特 17 公里的乡下地方. 从小学到初中,每天他和妹妹步行差不多 2 公里到一所只有一个房间的学校上课. 他至今非常赞赏那所小小的学校:统共只有一位上过一两年大学的女教师,她教 9 个年级的学生,每个年级都有语文、数学、历史等课程. 此外,女教师还兼管借还图书、看门、烧午饭等杂事. 尽管这样,斯梅尔他们还是得到了良好的教育.

高 中

由于来自乡下，他一直未能把自己的心理调整到适应高中的环境，兴趣完全在学校之外.他变得热衷于下棋，参加过 3 次全国锦标赛的选拔.他还自学有机化学，在鸡舍的顶楼上建立过可称为实验室的设施.

第一次“对抗”就发生在高中阶段，起因是生物学老师杰沃特不讲进化论.本来，课本上是有进化论的，但老师跳过了这一章.20 世纪 20 年代美国有过一个斯科普斯审判案：田纳西州代顿的中学教师斯科普斯因讲授进化论而被指控违反州法.针对这个案子，州议会于 1925 年 3 月宣称，《圣经》教导上帝创造人类，宣传与此相悖的理论即为非法.法官在审理此案时，不问这项法律是否违宪，也不问进化论学说是否正确，只问斯科普斯有没有讲过进化论，斯科普斯承认讲过，结果就被判罚.当事人不服判决，提出上诉.州最高法院却仍裁定上述州法符合宪法，只是免除了对斯科普斯的处罚.(该项州法直到 1967 年才被废止!)这个历史故事给了斯梅尔很大的刺激，他在同学中发动签名，要求生物学老师讲授进化论，但是只有一个追随者响应.

若干年以后，当斯梅尔攻读数学取得博士学位并开始显露才华时，父亲寄给他 1959 年 11 月 15 日《弗林特日报》的一条剪报，标题是“数学天才留给老师们的深刻印象”，其中写道：

> 斯梅尔当年的生物学老师杰沃特形容斯梅尔是个用功的孩子，对生物学很感兴趣，老爱提问题.杰沃特说：“他不是那种只会吸收知识的学生，他对整个班级做出很大贡献.这并不是说同学们都只向他学，而是说他经常提出好的想法.”杰沃特还赞赏斯梅尔是个沉静和谦恭的学生，博得同学们的尊敬.

回想 9 年前高中毕业时，手册上的写法却有点儿不同，那上面记载着他自己的一句话："我不附和任何人，我有我自己的想法."

大　学

进入密歇根大学，斯梅尔面对一个新的世界，他交了许多朋友，不过，这些朋友几乎都是男同学，因为他还很不善于和女性相处. 他投身校园生活，参与组织象棋俱乐部，但更重要的是，他逐渐卷入了大学的左翼政治活动. 这首先是出于对美国社会和制度的不满和怀疑.

他是进步党的积极分子，一度成为共产党员. 1951 年夏天，他出席了在东柏林举行的世界青年联欢节. 他们经常讨论的议题包括民权、朝鲜战争、核武器、麦卡锡主义、罗森堡案件等. 他们还相当认真地学习马列主义和共产党史. 在斯梅尔看来，每个人都需要一种信仰，而他对宗教不感兴趣. 那时麦卡锡主义十分猖獗，他们的活动引起非美活动委员会的注意，这在以后给斯梅尔带来许多麻烦.

斯梅尔原来的专业是物理学. 由于有一门物理不及格，四年级毕业时他转到数学专业. 这一转专业，竟造就了 20 世纪的一位数学大师.

研究生院

1952 年秋，斯梅尔以优秀的成绩进入密歇根大学研究生院，选的还是数学. 他回忆选数学只是出于自大学四年级以来的惯性. 事实上，他仍然在别的方面投入了大量的时间和精力. 1953 年夏天来临时，系主任海德孛兰德特教授请他到办公室，告诉他倘若数学成绩没有改善，就不必在研究生院待下去.

这时，他已经 23 岁. 他需要认真考虑一下自己的未来. 他的导师波特教授非常好.对前途的关切、系主任的警告、导师的鼓舞这三者合在一起，使斯梅尔变成一个非常勤奋的数学研究生.这种勤奋的数学研究，一直持续了11年，直到1964年秋伯克利的自由言论运动，才被打断.

将近40年以后的1991年，当时在哈佛大学任教的波特教授在提名斯梅尔为美国数学会主席时回忆道：

> 斯梅尔是1952～1953年我在密歇根头一次教拓扑学时的3个学生之一，他的风格和现在一样，不大作声，甚至可以说有点害羞.他老是坐在后面，很少讲话，仿佛是宁愿让数学的波浪冲刷自己，而并不主动迎上前去.然而，当他后来挑选我这个拓扑学新手做他的论文导师时，他的天才和勇气很快就表现出来.
>
> 我向他提出一个有关流形上的正则曲线的问题.具体来说，这种曲线的空间在它的切向的投射满足所谓覆盖同伦性质.这一概念出现于20世纪40年代后期，我也是头一年才从普林斯顿学回来的.那是一个分析和拓扑相结合的问题.斯梅尔在他的论文中表现出来的几何洞察力和分析功夫，留给我深刻印象.更令人感到高兴的是，在随后的几年里，他发展了这种技巧，直至证明了高维庞加莱猜想.

1954年秋，斯梅尔邂逅克拉拉，两人一见钟情.他们在次年初结婚.有克拉拉这样的女子作自己的终身伴侣，斯梅尔觉得十分幸运.从此，他对于数学研究专心了好长一个时期.

研究生阶段第三学年开始时，他在数学系得到一份助教的工作，但是只上了5次课，海德孛兰德特教授就通知他已被解雇，原因是他过去的左翼活动.海德孛兰德特把这归咎于大学当局.的确,海德孛兰德特教授当时曾为他找到一份研究合同,使他能继续得到资助.那时斯梅尔的研究正在兴头上.后来,这笔研究资助也没了,幸亏克拉拉找到一份小图书馆馆长的工作,使他得以完成研究生的学业.

在以后的岁月里,过去的左翼活动记录一直烦扰着他.后来,一位同情他的教授告诫他不要再找系主任海德孛兰德特教授写推荐:他在推荐中总是提醒别人斯梅尔是个左翼分子.

博士后年代

1956 年的秋天,斯梅尔夫妇迁到芝加哥,他在那里接受了他的第一个教职.不过,他不是在数学系任教,而是在芝加哥大学给人文科学的学生讲集合论.

他们的儿子涅特出生于 1957 年.两年以后,女儿劳拉出生了.涅特后来也成了数学家.

斯梅尔的数学研究初露锋芒.1958 年,他到了普林斯顿高等研究院,又经过在伯克利加州大学、纽约哥伦比亚大学、巴西里约热内卢纯粹与应用数学研究所的短期工作,最后落脚在伯克利加州大学.关于斯梅尔的学术生涯和成就,后面有长篇介绍,这里我们就谈点别的事情.

1962 年 10 月,当听说苏联在古巴部署了核导弹时,斯梅尔一家正住在纽约.原子战争的恐惧迅速蔓延.斯梅尔迁怒于肯尼迪,认为是他让苏联人觉察到美国已在邻近苏联的土耳其部署了导弹,才造成了这次危机.他也恨赫鲁晓夫.他想,如果死于因为两个超级大国疯狂的军备竞赛而爆发的核战争,将毫无意思.倘若战争打起来,纽约必是首选的目标.斯梅尔夫妇赶紧驱车带着孩子斜穿北美大陆,朝墨西哥驶去.斯梅尔的父母当时正在纽约探望他们,就帮着照料房子.大学里只有几个老师知道他们的行踪,R.阿伯拉罕(R. Abraham)和 S.兰(S. Lang)这两位朋友还自行给斯梅尔代课.

从纽约到墨西哥的长途旅行,使他们的神经慢慢松弛下来.斯梅尔从墨西哥打电话给在学校的朋友.当导弹危机过去时,朋友们告诉他,这次擅离哥伦比亚大学,目前还可以补救.他赶紧乘飞机回纽约,把课接下去,克拉拉则开着车子,和孩子们一起回来.

1964 年的夏天,斯梅尔一家迁往西海岸旧金山附近的伯克利.弗兰克夫妇(Kathy Frank 和 David Frank)和 M.舒布(M. Shub)也同时迁往西海岸,本来他们都是哥伦比亚大学的学生.斯梅尔一家乘飞机,3 位学生就开斯梅尔家的车子.自那时以来,舒布一直是斯梅尔的密友和主要的研究合作者(特别是在计算复杂性理论方面),两家保持着亲密的友谊.

6.1.2 斯梅尔的学术生涯

当代富有色彩的著名数学家,当首推美国伯克利加州大学的史蒂夫·斯梅尔教授.就斯梅尔而言,他的学术成就和他的色彩,实互为补充,相辅相成.笔者喜欢读斯梅尔的文章,并与他有过互访的交往,愿借这本书的机会,将所知所闻介绍给读者.

既然主要是介绍人物,有些含义深刻的专门概念,也就直观地或通俗地叙述.好在这些叙述,即使在学术圈子内,亦属标准.至于不同层次的读者会有不同层次的理解,则正是这种叙述的精妙所在.愿意对人物或概念有更多了解的读者,则可以先看一些数学史类的出版物.

庞氏猜测一狂生

青年时代的斯梅尔,因证明高维庞加莱猜测,在1966年莫斯科国际数学家大会上获得菲尔兹奖.当然,他的这一伟大成果,绝不是一蹴而就的.

所谓n维庞加莱猜测,是这样一个命题:与n维球具有相同伦型的紧致n维流形必同胚于n维球.

H.庞加莱(H. Poincaré)在1900年曾宣布:他已就一般的n维情形证明了上述命题.4年以后,他又发表论文,用一个反例说明他当初用以证明上述命题的方法不对.大家知道,庞加莱和D.希尔伯特(D. Hilbert)被认为是对20世纪的数学发展具有最大影响的两位数学家.

在随后的几十年里,许多数学家曾声称证明了3维的庞加莱猜测,但是后来都被发现不正确.

于1930年在美国密歇根州出生的斯梅尔,在他求学的50年代,正逢拓扑学的黄金时代,数学的前沿发展几乎被拓扑学所垄断.当时,对数学研究的资助,有一半给了拓扑学家.这在今天已难以想象.的确,拓扑学的作用是革命性的,它与代数结合发展了K理论和代数几何,与分析结合产生了动力系统理论和偏微分方程的整体性讨论.1954年,R.托姆(R. Thom)的配边理论发表.1956年,J.米尔诺(J. Milnor)证明了存在7维怪球.

斯梅尔头一次听说庞加莱猜测是在1955年,那时他正在密歇根大学写他的博士学位论文.几天以后,他觉得自己已能证明3维的庞加莱猜测了,于是他走进H.萨梅尔逊(H. Samelson)教授的办公室,十分激动地向教授讲述他的想法:首先对3维流形进行单纯剖分,然后取走一个3维单纯形,只要能够证明剩余的流形同胚于一个3维单纯形,就大功告成.因为随后再逐个取走

3 维单纯形的做法并不改变同胚关系,所以继续这样做下去,由于单纯形数目有限,最后当然只剩下一个 3 维单纯形,于是证明完成. 萨梅尔逊教授听了这个年轻学生的讲述,并没有说什么话. 斯梅尔离开教授的办公室后才猛醒自己的证明中根本没有用到庞加莱猜测中关于 3 维流形的任何假设,不禁暗自好笑.

将近 5 年以后在巴西的里约热内卢,斯梅尔曾认为自己找到了 3 维庞加莱猜测的一个反例,并写成了论文. 如果这个反例是对的,就会是一个与证明高维庞加莱猜测相当的重大成果. 但是,经再次检查以后. 他自己发现这个反例不能成立.

精英环境好磨砺

斯梅尔 1956 年在密歇根大学取得博士学位,导师是 R. 波特(R. Bott)教授. 当年夏天,他到墨西哥城参加了一次重要的代数拓扑学学术会议. 这是他首次参加学术会议. 在那里,他不但见到了当时的大部分拓扑学名家,还结识了芝加哥大学的两名研究生 M. 赫希(M. Hirsch)和 E. 利马(E. Lima). 秋天,他开始作为一名讲师,在芝加哥大学的一个学院里给人文科学的学生讲授集合论. 当然,他十分关心数学系的学术活动,从不放过托姆关于横截(transversality)理论的每一个讲座. 他自己正在进行的研究课题,则是证明球可以从里面翻出来.

那个时候,由于陈省身、A. 韦伊(A. Weil)等许多著名学者都在芝加哥大学,那里是数学研究的一个中心,青年学子赫希、利马、D. 拉索夫(D. Lashof)、D. 帕莱士(D. Palais)和 S. 斯滕伯格(S. Steinberg),也开始显示活力.

1958 年秋,斯梅尔籍国家科学基金会一份两年的博士后资助,到了普林斯顿高等研究院. 拓扑学在普林斯顿非常活跃. 在那里,斯梅尔和赫希合用一个办公室,一起去听米尔诺关于特征类的讲座,参加 A. 波雷尔(A. Borel)关于变换群的讨论班. 他还经常向 D. 蒙哥马利(D. Montgomery)、M. 莫尔斯(M. Morse)、H. 惠特尼(H. Whitney)等大师讨教. R. 福克斯(R. Fox)是围棋的高手,斯梅尔却常去要求让目对弈,并且与福克斯的研究生 L. 纽沃思(L. Neuwirth)和 J. 斯塔林斯(J. Stallings)混得很熟,他们后来也成了有影响的数学家.

1958 年夏天,通过利马的介绍,斯梅尔结识了 M. 佩肖托(M. Peixoto),这激起斯梅尔对结构稳定性的兴趣,这种兴趣一直在发展,导致后来他应佩肖托的邀请到巴西的里约热内卢纯粹数学和应用数学研究所度过那两年资助的最后 6 个月.

巴西海滨终结晶

1960 年元旦刚过,斯梅尔携夫人克拉拉及两个孩子来到巴西的里约热内卢. 当时,一位空军上校刚因策划政变失败而逃离巴西到阿根廷避难,斯梅尔一家就租用了上校原住的公寓,并且留用了上校的两个女仆. 这是一套有 11 个房间的豪华住所,周围景色迷人. 要知道,那时候美元在巴西十分坚挺.

从公寓出发走几分钟,就是巴西著名的柯帕尔巴那海滩. 每天上午,斯梅尔都带着纸和笔到洁白的海滩上去. 这样既可以游泳,又可以考虑数学问题. 下午,他通常到研究所去,与佩肖托讨论微分方程,与利马讨论拓扑学问题.

取得博士学位以来,斯梅尔的数学兴趣一直集中在动力系统理论上. 著名的斯梅尔马蹄变换,就是这个时候的成果. 就在继续进行梯度动力系统研究的过程中,斯梅尔注意到动力系统揭示了将流形分解为胞腔的崭新思想,运用这种分解来攻克庞加莱猜测的设想便油然萌生，从此他就兴奋在这个问题上.

很快，斯梅尔感到当维数大于 4 时，这个想法是行得通的. 吸取以往的教训，这次他没有急于写出论文. 他非常小心地把自己的证明想了又想，后来又和利马一步一步进行仔细的论证. 当获得足够的信心以后，他写信给仍在普林斯顿的赫希，并且向当代拓扑学大师 S. 艾伦伯格(S. Eilenberg)通报了研究成果.

1960 年 6 月，斯梅尔按原定计划离开里约热内卢 3 个星期，到欧洲参加两个学术会议. 他向会议提交了这个研究成果. 确实，有影响的学术会议，是使重要的成果为学术界认可的最好机会.

考虑赋以黎曼度量的 n 维流形 M 和 M 上的一个函数 f: $M \to \mathbf{R}$. 按照微分方程

$$\frac{\mathrm{d}x}{\mathrm{d}t}=-\mathbf{grad}f$$

在 M 上确定一个动力系统. 如果 $p \in M$ 是 f 的非退化临界点，那么在该动力系统当 $t \to \infty$ 时趋于 p 的所有点的集合 $W^s(p)$ 是一个嵌入胞腔，当 $t \to -\infty$ 时趋于 p 的所有点的集合 $W^u(p)$ 也是一个嵌入胞腔. 在 $n=2$ 的情形，想象如图 6.1 那样一条倒过来的裤子形状的曲面(流形)，曲面外表都涂了蜜糖，蜜糖的流动就代表曲面上的动力系统，那么 ApB 弧就是 $W^s(p)$，CpD 弧就是 $W^u(p)$，它们都是一维胞腔.

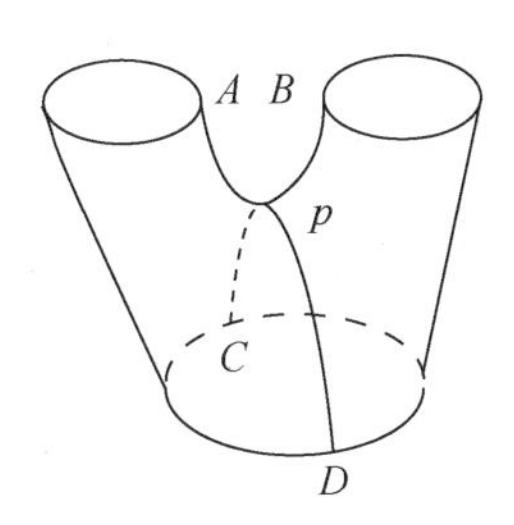

图 6.1　二维流形上动力系统的稳定流形和非稳定流形

对于 f 的每个非退化临界点 p，$W^s(p)$ 称为动力系统 $-\mathbf{grad}f$ 的稳定流形，而 $W^u(p)$ 称为非稳定流形. 只要 p 和 q 都是

f 的非退化临界点,$W^s(p)$和$W^u(q)$就横截相交,从而排除了相切的因素.

由于横截相交,临界点的稳定流形给出 M 的一个分解,并且每个胞腔的边界都是若干低维胞腔之并. 在这样分解以后,再利用添加环柄的消去方法,在维数 $n \geqslant 5$ 和 M 具有 n 维球的伦型的假设之下,最终就得到一个 n 维球. 这就证明了 $n \geqslant 5$ 时庞加莱猜测成立.

苏京盛会受菲奖

1966 年 5 月,斯梅尔从他任职的美国伯克利加州大学到达巴黎. 他的主人是在 1950 年第十一届大会上获菲尔兹奖的数学家 L. 施瓦兹(L. Schwartz),以广义函数论的研究著称. 随后,斯梅尔与突变理论创始人,在 1958 年第十三届大会上获菲尔兹奖的托姆一起开车去日内瓦参加一个学术会议. 克拉拉和两个孩子也将在日内瓦与他会合.

斯梅尔当然知道庞加莱猜测的分量,所以,当 1962 年在斯德哥尔摩举行的第十四届大会没有授予他菲尔兹奖时,他曾非常失望. 这使他怀疑菲尔兹奖的价值,认为菲尔兹奖委员会的评选方针有问题. 由于上次失望,1966 年他已不那么关切自己是否会获奖. 然而,当托姆在开车前往日内瓦的途中透露斯梅尔将在 8 月于莫斯科召开的第十五届大会上获得菲尔兹奖时,斯梅尔感到有点儿意外,因而十分激动. 托姆是菲尔兹奖委员会的成员. 几天以后,拓扑学家 G. 德拉姆(G. de Rham)把这个消息正式通知了斯梅尔.

在日内瓦的日子很有意思. 一方面有相当丰富的学术活动,看到许多老朋友;另一方面有阿尔卑斯山的美景,使斯梅尔一家目不暇接.不管是否获奖,斯梅尔原已计划去莫斯科,因为先期他已被邀请作一个1小时的大会报告.大会前的时光,他和克拉拉携子女在欧洲度假.他们开车从日内瓦经南斯拉夫到希腊,一路上就支帐篷露宿.希腊有那么多海滩和名胜古迹.他们商定,当斯梅尔去莫斯科时,家庭其他成员就留在希腊.

与家庭分手以后,在雅典机场,斯梅尔回忆着在希腊度过的美好时光,又想到明天就要在数以千计的数学家面前荣获数学界的最高奖,他的心情难免激动.

当一个海关官员示意斯梅尔停下来时,他还是无所谓,因为他知道护照和签证都没有问题.后来,他才慢慢明白过来:当他们全家开车进入希腊时,海关在他的护照上做了带车入境的记录,所以现在希腊海关不许他不带车子离境.克拉拉已经开着车子跑远了,而海关官员又不肯通融,斯梅尔只好眼睁睁地看着飞机起飞.要知道,那是每天只有一班的飞机.斯梅尔沮丧到了极点:按时出席大会的计划已经化为泡影!

这时,美国大使馆已经下班,经过一番紧张的交涉,斯梅尔得到一位好心的大使馆官员的帮助.这位官员同情他的申述,不顾大使馆的惯例,给希腊海关写了一封信,请求放行斯梅尔,并且保证倘若在8月底以前斯梅尔不和他的车子一起重新出现在希腊,大使馆将承担一切责任.

这样,斯梅尔才得以在大会开幕的当天乘上从雅典经布达佩斯到莫斯科的班机.在布达佩斯上机的一位相识的匈牙利数学家告诉他,报纸上说非美活动委员会已发出传票要他到国会听证会上接受质询.

一到莫斯科,他就径直赶去克里姆林宫.但是因为尚未办理报到手续,卫兵不让他进去.最后,他认识的一位苏联数学家帮助了他. 当他进入会议大厅并在后排坐下时，开幕式早已开始，托姆教授正在用法语向大会介绍斯梅尔及他的卓越工作. 这时，数学家们才发现，斯梅尔已经和他们在一起.

贡献数理经济学

20 世纪 60 年代末期，斯梅尔开始涉足数理经济学. 他在《数理经济学杂志》等刊物上，发表了价格调整的动力学等一系列论文；80 年代由诺贝尔经济学奖获得者及相应水平的学者编撰的三大卷《数理经济学手册》[1]，有斯梅尔的一章"大范围分析和经济学". 1983 年度诺贝尔经济学奖获得者德布鲁在他的获奖演讲中明确指出，正是斯梅尔 1968 年向他介绍的萨德定理，在 1970 年促成了他的主要理论的结晶. 在当代科学的前沿发展中，这是值得大书一笔的学科交互渗透相得益彰的范例.

斯梅尔和德布鲁的首次见面，是在 1968 年. 那时，他们都已经在伯克利，斯梅尔是数学系教授，德布鲁是经济学系教授. 一天，德布鲁为了自己的经济学研究，走到斯梅尔的办公室向他请教数学问题. 从法国移居美国的德布鲁曾经受过布尔巴基学派的严格训练，数学基础扎实，而斯梅尔又是一个学术思想非常活跃、研究兴趣相当广泛的学者，所以他们之间很快就可以相互理解地讨论数学定理和经济学问题了. 事实上，德布鲁提出的问题，正是斯梅尔研究数理经济学的开端. 在后来的日子里，他们经常长时间地进行讨论，这也往往是他们一起外出游玩的真正目的. 这样合作下来，在 1975 年德布鲁成了数学系的兼职教授，而 1976 年，斯梅尔也在经济学系取得了同样的位置.

英国古典经济学派的创始人亚当 · 斯密在 1776 年的名著《国富论》中写道，在自由经济的条件下，每个人追求的是个人的利益，但有一只“看不见的手”引导他去促进社会的利益. 100 年以后，洛桑学派的创始人瓦尔拉斯在 1874 年的《纯粹政治经济学原理》中把斯密的说法提炼为经济均衡概念：他把“看不见的手”解释为市场的价格调节机制，把“社会利益”解释为供求均衡，考虑在各方都追求私利的条件下，是否存在一组合适的所谓均衡价格，使得由此决定的市场供给和市场需求正好相等. 又过了半个世纪，沃尔德使斯密-瓦尔拉斯的思想得到严格的陈述. 从此，如何严格证明均衡价格的存在性，成了数理经济学的中心问题.

诺贝尔经济学奖获得者萨缪尔森、希克斯、阿罗和库普曼都对这一问题做出过贡献，而德布鲁则首次令人满意地证明了一般经济均衡理论中均衡价格的存在性，他用的是凸分析和布劳威尔不动点定理.

如果均衡是唯一的，有关经济模式对均衡的阐述就完整了. 但是到 20 世纪 60 年代后期已经清楚，整体唯一性的要求太高，局部唯一性将足以使人满意. 在获奖演说中，关于局部唯一性的条件，德布鲁是这样说的：

“正如我在 1970 年所做的那样，可以证明，在适当的条件下，在所有经济的集合中，没有局部唯一均衡的经济的集合是可以忽略不计的. 这句话的确切含义及证明这个断言的基本数学结果，可以在萨德定理中找到，这个定理是斯梅尔在 1968 年夏天的交谈中向我介绍的. 整个讨论的各个部分最后是在新西兰南岛的米尔福海湾完成的. 1969 年 7 月 9 日下午，当我和妻子弗郎索瓦抵达那里的时候，遇上阴天下雨的坏天气. 这迫使我回到房间里工作，继续研究困扰我多时的课题. 而这次，观念竟很快结晶. 第二天早上，晴空蓝天在海湾明媚的仲冬展现.”

萨德定理说,如果 $f:\mathscr{M}\to\mathscr{N}$ 是微分流形之间的光滑映射,则 $\mathscr{N}$ 的几乎每一点都是 f 的正则值. 换句话说,f 的临界值在 $\mathscr{N}$ 中只是一个零测集. 萨德定理其实是说,在适当的光滑性条件下,正则现象是通有的(generic),其概率为1,而临界现象的概率为0,常常可以忽略不计. 的确,德布鲁就是借此定义了正则经济和临界经济. 正则经济具有满测度,从而对正则经济业已建立的均衡集及其稳定性的结论,是合理的经济分析.

斯梅尔本身的经济学研究,见诸他已发表的许多论文,笔者等的介绍文章亦可一阅. 当得知德布鲁如所预料获奖时,斯梅尔写了一篇短文[5],在一页半的篇幅里精辟地介绍了德布鲁的工作,给予了高度评价. 但这并非捧场应景的文章,其结尾蕴含着深刻的分析:

> "这并不意味着均衡理论就该是社会的模式. 首先,它假设没有垄断,但是在一个分散化的经济系统中,垄断总是要产生的. 其次还有不公平. 阿罗和德布鲁证明了,当处于均衡配置时,没有人可以不损害别人就使自己更加受益. 然而,理论本身却未排除社会产品的不公平分配. 因此,政府对分散化的价格体系的有力调控,仍然需要.
>
> 特别重要的是,在阿罗-德布鲁的理论中,时间的进程没有得到充分的考虑. 由于缺乏动力学的观点,他们的理论还不能很好地说明为什么价格体系要向均衡状态调整,为什么会停留在均衡状态,再一个有关的弱点是,他们的模式对经济主体人的行为理性化提出了不切实际的要求. 要知道,即使配备了最新式的计算机,消费者和生产者也不可能做出该模式所要求的高

度理性的决策.

尽管后面还有许多诱人的挑战，现在毕竟已经有了一个良好的框架. 这就是两个世纪以来经济学家们奠定下来的基础，其中特别要提到斯密、瓦尔拉斯、沃尔德、阿罗和德布鲁."

发表这篇文章的美国《数学益智》杂志特别鼓励出自大师的小品或随笔，轶事牢骚，亦悉听作者之意.

创新计算复杂性理论

20 世纪 70 年代，斯梅尔的研究重点是计算复杂性理论，主要是数值方法的计算复杂性理论. 1981 年，他发表论文证明，概率地说来，用牛顿方法为 n 阶多项式找到一个零点的成本随 n 增长的速率不超过 n^9/μ^7，这里 $\mu \in (0,1)$，是允许论断失败的概率. 不久以后，他又发表论文论述，概率地说来，即除去一部分最坏和较坏的情况以后，线性规划的单纯形方法的计算成本随问题规模增长的关系是呈线性的. 这些都是令人瞩目的突破性进展.

研究计算方法，就不能不考虑计算成本或算法效率的问题. 数值方法的计算复杂性讨论可谓源远流长. 然而，直到 20 世纪 70 年代，讨论都带有局部的和渐近的特征.

斯梅尔的加入，是复杂性讨论取得重大突破的开始. 本书作者王则柯曾应斯梅尔的邀请访问过伯克利，对斯梅尔作为这一发展的学术带头人所起的巨大作用有深刻的印象. 短短 4 年之内，《美国数学学会公报》先后刊发了他的开创性论文《代数基本定理和复杂性理论》和深刻述评《关于分析算法的效率》，4 年一度的国际数学家大会在 1986 年的伯克利大会上又邀请他就这一发展作题为“解方程的算法”的 1 小时报告. 在纯粹数学和应用数学的边缘领域,得到如此重视的发展,十分罕见.

有兴趣的读者当然会找上述文章或其译本认真研读,笔者也就此发表过一篇专论,所以在这里,我们宁愿多谈一些学术环境和治学风格的问题.

正是在用动力系统框架处理价格调节的市场机制时,斯梅尔提出了整体牛顿法的概念. 这一发展当然引起了人们的兴趣,因为牛顿方法是计算数学或数值分析的传家宝,通常只具有局部收敛性. 斯梅尔从计算机科学的复杂性理论汲取营养,在动力系统框架内处理算法及其效率的问题,形成数值分析复杂性理论的新发展.《论语 · 为政篇》曰:“七十而从心所欲,不逾矩.”斯梅尔提前达到了这样的境界.

斯梅尔关于数值分析复杂性理论的工作,主要通过与合作者和研究生的经常性讨论进行. 研究生课程,就围绕有关课题展开,由斯梅尔主持,同时邀请有关专家作相关进展的报告. 本书作者王则柯 1983 年的应邀访问,就属于这种性质的安排. 在斯梅尔的合作者当中,特别应当提到 L. 布卢姆(L. Blum)、J. 雷内加(J. Renegar)和舒布. 由这些人组成的斯梅尔学派,领导着当前数值分析复杂性讨论的主流.

课程往往针对未解决的问题展开,斯梅尔在课上讲问题的提出和自己的想法,课上就进行解决问题的各种尝试,这就为研究生提供了参与解决重大课题的可能性. 即使按照科学研究的规律,有时具体目标最终未能实现,但学生们还是学到了许多东西. 要知道,导师如何提出问题、思考问题,如何在碰钉子后转弯,如何在一项设想被证实行不通时获取关于原问题的进一步的信息,这一切,恰恰难以在书本或正式发表的论文中学到. 当成果整理成文时,作者通常不谈在这之前艰苦摸索的历史;即使个别作者愿意提及,学报也不屑于刊登.

斯梅尔活跃的研究工作也招来若干非议.除了部分纯粹数学家对应用数学的传统偏见外,斯梅尔有时行文不够严密也是一个原因.一篇重要论文隐含几处数学失误的例子,也曾发生.显然有这样的情况:他不是在严密论证后得出某个结果,而是相信结果会是怎样然后有点马虎地写几行备忘式的论证.读这样的文章当然特别吃力,我们就做了一些铺垫的工作.当你花费九牛二虎之力将漏洞补上时,只好佩服他那卓越的数学洞察力.也有若干至今没有补上、依然存疑的地方,也许要留待将来去辨明.伊夫斯教授说,斯梅尔只管提供思想,把细节留给别人.这代表不少人的信念,尽管那些细节实在不细.种种原因,难怪一些有造诣的数学家也说斯梅尔是弄潮儿(playboy),按照他们的国情,这很难说是恶意.我们谈到过与他同辈的斯塔林斯和赫希,前者在他之后用逻辑上独立的方法证明了高维庞加莱猜测,后者经常与他合作,名著《微分方程、动力系统与线性代数》就是一项结晶.斯塔林斯就曾在一篇公开的文章中写道:两相比较,赫希更像一个刻苦工作的数学家,而斯梅尔或多或少是一个幸运的狂人.

苏联著名数学家 В. И. 阿尔诺德(В. И. Арнольд)曾两次应邀在国际数学家大会上作 1 小时报告,他的许多著作被译成英文和其他国家的文字.他同意爱因斯坦的说法:现代教学方法没有完全扼杀人类神圣的好奇心,就已经可称奇迹.他推崇他的导师 А. Н. 柯尔莫戈洛夫(А. Н. Колмогоров)除了激励以外,还给学生许多自由.在一篇访问记中,他曾对数学论著的刻板风格提出过尖锐的批评.他说:

“对于我来说，要读当代数学家们的著述，几乎是不可能的. 因为他们不说‘彼嘉洗了手’，而是写道‘存在一个 $t_1<0$，使得 t_1 在自然映射 $t\mapsto$彼嘉(t)之下的像属于脏手的集合，并且存在一个 t_2，$t_1<t_2\leqslant 0$，使得 t_2 的像属于脏手的集合的补集.’不过，有几位数学家——比方说米尔诺和斯梅尔——所写的文章，是仅有的不这样故弄玄虚的例子.”

是的，斯梅尔的确独树一帜.

不甘寂寞似天性

青年时代的斯梅尔，无论在学术研究方面还是在社会生活方面，都不安分守己.

证明了高维庞加莱猜测的 1960 年 6 月，斯梅尔到欧洲度过了 3 个星期. 苏黎世会议以后，他回巴西把全家接到伯克利，因为他已在伯克利加州大学谋得位置. 这段时间的工作之一，是他的 h 配边定理. 一年以后，由于 S. 兰(S. Lang)的介绍，他到位于纽约市的哥伦比亚大学任教授，在那里的 3 年，他主要研究大范围分析. 1964 年夏，他又举家回到伯克利. 西海岸不仅气候宜人，更重要的是伯克利已经决定给他正教授的职位.

20 世纪 60 年代，美国的学生运动风起云涌. 就在回到伯克利的那年秋天，斯梅尔和其他人一起，通过一次颇具规模的静坐示威，使数学系研究生 D. 弗朗克(D. Frank)和舒布无罪获释. 舒布后来成为斯梅尔研究计算复杂性理论的主要合作者，1984 年曾来北京参加双微会议. 1965 年春，越战升级. 斯梅尔积极地参加抗议活动，成为越南日委员会两主席之一. 他们还曾试图阻止运送部队的军车. 在伯克利附近的委员会总部后来是被人炸掉的，斗争之激烈可以想象.

虽然 1965 年秋斯梅尔已对抗议活动感到失望并重新回到数学中来，但是 1966 年夏当他作为施瓦兹的客人来到巴黎时，还是应邀在“献给越南的六小时”集会上发表使会议的气氛达到高潮的演说. 大家知道，施瓦兹本人就是法国左翼运动的一位领导人，曾激烈反对法国的阿尔及利亚战争.

到莫斯科参加国际数学家大会时，由于他们的反越战名声，4 位越南数学家邀请斯梅尔、施瓦兹和 C. 戴维斯(C. Davis)参加一个私人宴会. 戴维斯是斯梅尔在密歇根大学时的同学，曾因反对越战而被捕入狱，后来只好到加拿大的多伦多大学当教授. 越南人希望斯梅尔能向越南记者发表谈话，他答应了. 但是为了避免误传，他坚持他的几个朋友和一位美国记者在场，也请了苏联记者，这是出于对东道主的尊重. 想不到这样一来，越南记者反而不肯出席.

邀请已经发出，斯梅尔只好如期和记者见面. 会见在国际数学家大会的主会场莫斯科大学举行. 会前，塔斯社一名女记者请求同他单独谈谈，他说会后可以. 会上，血气方刚的斯梅尔激烈抨击美国对越南的入侵，但又翻出 10 年前苏联出兵匈牙利的老账；他揭露美国的麦卡锡主义和非美活动委员会，但又呼吁给他的持不同政见的苏联朋友人身自由和言论自由的权利，这时，一位妇女上来说，数学家大会组委会的卡莫诺夫紧急约见. 在回答完记者的问题以后，他随那个妇女去看卡莫诺夫. 朋友们和美国记者感到蹊跷，也一起跟了过去.

卡莫诺夫跟他友好地闲谈，送给他一本精美的德文克里姆林宫画册，并表示要为他在会见女记者之前游览莫斯科提供方便，汽车和导游都已到位. 斯梅尔并无观光的兴致，也不知将到哪里去，内心有点紧张. 但因为答应过同女记者单独会见，就只好提醒自己客随主便，拿出大人物的气概来，还是跟导游上了车. 当一行离开卡莫诺夫的办公室时，等在门外的美国记者问斯梅尔发生了什么，他竟不知如何作答. 上车时，新闻记者和随行的朋友都被苏联人推向两旁. 赫希大声喊："史蒂夫，你没事吧？"他只答了一句"我想是的"，就被飞快的小轿车送得无影无踪.

最后，当车子开到塔斯社总部时，斯梅尔受到了红地毯的待遇. 人们这样那样地应酬他，但是既没有记者采访，又没有游览观光. 原来这一切只是为了消磨他的时间. 经过一再坚持，斯梅尔才得以赶回去参加数学家大会的闭幕式和招待会. 朋友们十分替他担心，劝诫他再勿单独行动. 半夜以后，惊魂甫定的斯梅尔回到乌克兰酒店的房间，电话铃响了. 原来，大会主席、莫斯科大学校长彼得罗夫斯基约他明天上午见面. 但他要乘早晨七点钟的飞机离开苏联，会面已无可能. 电话铃再次响起，这次是美国大使馆，问他好不好，是否需要什么帮助. 他回答说，他大概已不需要任何帮助了. 只睡了半个觉，七点钟的飞机把斯梅尔送回雅典机场与家人团聚.

帆船矿石寄闲情

斯梅尔拿手的是动力系统理论. 虽然本节没有介绍他在力学方面的研究，但他的《力学与拓扑学》的系列论文，影响可与数理经济学的研究媲美. 了解一点混沌理论的读者，都知道 M. 菲根鲍姆(M. Feigenbaum)的大名. 在一篇回顾周期倍化分叉现象的研究和菲根鲍姆普适常数的发现的文章中，菲根鲍姆直言不讳地承认，1975 年斯梅尔关于动力系统理论的一次演讲，使他产生了决定性的灵感.

1989 年 5 月，应吴文俊教授的邀请，斯梅尔夫妇首次来华访问,第一站就是中山大学.在广州的4天里,斯梅尔作了题为“计算的理论”的专题报告,并就数理经济学的发展进行了一次座谈.专题报告的底本,是他和舒布、布卢姆不久前完成的一篇75页的论文.此外,他还带来一篇一年前发表的文章《牛顿对我们理解计算机的贡献》.中山大学本科毕业生高峰,是第一位在斯梅尔指导下获得博士学位的中国大陆学生,高峰的双亲和斯梅尔夫妇进行了友好的会见.

至少在进入中国大陆的头几天,斯梅尔了解社会的兴趣远在观光游览之上.无论是越王墓陈家祠还是白云山七星岩,都不像平凡的街市和市民的日常生活那样对他具有吸引力.常常,他宁愿步行甚至挤公共汽车,到处找英文报纸.我们作为主人,在保证安全的前提下,亦尽量照客人的心意安排.离穗赴杭的前一天,斯梅尔夫妇坚持邀请王则柯一家到南园酒家参加晚宴.

笔者送给斯梅尔一块辉锑矿标本,略表心意.收藏矿石标本,是斯梅尔的嗜好.他曾经写道,施瓦兹喜欢收藏蝴蝶标本,为此探访过世界上许多丛林.他自己收藏矿石标本的劲头,也毫不逊色.辉锑矿是我国湖南的特产,有我国邮政的一枚邮票为证.

斯梅尔的另一项爱好是驶帆,伯克利许多数学研究生都有与他一起在旧金山湾区驶帆的经历.这次他告诉笔者,他已经把那只大帆船卖掉,之前的告别旅行堪称壮举.那是1987年夏天,他作为船长和一个朋友一起从旧金山出发,南偏西跨过赤道,历时25天到达法属马克萨斯群岛.这25天,他们可以借助球形天线接受外界的信号,而外界对他们却一无所知,事实上他们没有发送设备.这需要太多的冒险精神.随后,他们绕道夏威夷,折返旧金山.整个旅行,延续了3个月.

斯梅尔有在海滨这样的地方做数学的兴致. 关于这一点, 20 世纪60 年代在美国《科学》杂志上还有过一番争辩. 莫斯科大会以后,校方受到非美活动委员会的压力,扣下了国家科学基金会给斯梅尔的暑假研究工资. 在他抗议以后,总统的科学顾问撰文诘问:"纳税人的钱难道应当用来支持在里约热内卢海滩或爱琴海群岛上的数学游戏?"这一下引起了一场轩然大波. 许多当代最有名望的数学大师投书猛烈抨击科学顾问的恶意和无知. 斯梅尔和数学家们取得了全胜.

"那次帆船旅行中,你是否也做数学?"

斯梅尔笑笑,没有回答这个问题.

§6.2 斯卡夫与单纯不动点算法

(史宏超)

1967 年,美国耶鲁大学经济系教授 H. E. 斯卡夫(H. E. Scarf)发表论文,提出了计算单纯形连续映射不动点的一种有限算法. 斯卡夫采用整数标号和单纯形之间的互补转轴运算格式,形成系统的在有限步内必定成功的寻找表征不动点位置的本原集的算法,这是著名的布劳威尔不动点定理的第一个构造性证明. 斯卡夫教授将算法用于经济学中一般均衡理论的研究. 阿罗和德布鲁教授主要因证明了均衡价格的存在性而获得诺贝尔经济学奖,而利用斯卡夫算法却能将均衡价格算出来.

斯卡夫不动点算法的孕育、诞生和发展,揭示了数学的仿佛有点神秘的特性:一个纯粹想象的杰作,多年以后,竟然在似乎被创始者的高度抽象排除在外的领域里,导致意想不到的实际应用.

自斯卡夫开创不动点算法以来,迄今已过 1/4 个世纪. 回顾不动点算法的孕育和诞生,课题酝酿的学术时机和切磋磨砺的精英环境真是十分重要.

数学博士

斯卡夫 1954 年在美国普林斯顿大学获得数学哲学博士学位,学位论文研究的是微分流形上的扩散过程.在斯卡夫攻读学位期间,普林斯顿有许多对策论即博弈论方面的活动,但是斯卡夫原来对于对策论、线性规划和数理经济学,却是一无所知.当时,R.戈莫里(R. Gomory)、L.夏普利(L. Shapley)、M.舒比克(M. Shubik)都是他的同窗,他们后来都成为上述领域的世界级专家.在普林斯顿,他们花很多时间海阔天空地讨论各种问题,就是没有涉及不动点的计算.斯卡夫回忆说,当时他发现不容易习惯组合拓扑学的方法,很难用组合拓扑学的语言叙述布劳威尔不动点定理,更不用说给出一个证明了.

毕业以后,斯卡夫在加州圣莫尼卡的兰德(Rand)公司数学部谋得一个职位.在那里,他向夏普利学习对策论,并且合作撰写了一篇讨论不完整信息下动态对策的论文.当时,冯·诺伊曼(J. von Neumann)、J.萨维奇(J. Savage)、D.布莱克韦尔(D. Blackwell)都是兰德的顾问,G. B.丹齐格(G. B. Dantzig)也已经在兰德.大家知道,在此几年前,丹齐克提出了线性规划问题的单纯形算法,从而推动了线性规划理论的深入发展,并有力地拓展了应用.正是在兰德,R.贝尔曼(R. Bellman)肯定,每一个涉及稀有资源配置的问题,都可表示为一个动态规划的模型;L.福特(L. Ford)和 R.福克逊(R. Fulkerson)则刚刚开始他们关于网络系统最优流动的有影响的工作.对于一个 24 岁的初出茅庐的博士,兰德真是一个极好的去处.

涉足数理经济学

两位兰德的短期访问学者，对于斯卡夫后来的研究生涯，产生了重要的影响，他们是阿罗和 S. 卡林(S. Karlin). 他们对数理经济学中存货问题的研究，引起斯卡夫的很大兴趣. 1956—1957 年，阿罗和卡林邀请斯卡夫到斯坦福大学与他们合作. 这次富有成效的合作产生了好几篇合作论文. 后来，斯卡夫作为统计学系和行为科学应用数学研究所的成员，继续留在斯坦福，除了其间于1959—1960 年作为研究成员短期访问耶鲁大学考尔斯(Cowles)经济学研究基金会外，一直待到 1963 年他在耶鲁大学谋得永久的教职.

斯卡夫回忆，斯坦福的学术气氛确实激动人心. 有一种感觉，就是在诸如数理生物学、统计推断理论、对策论、数理经济学等各种新奇的领域，数学推理都有潜在的广阔的用武之地. 阿罗已经完成了他关于社会抉择理论的奠基性工作，并且与德布鲁合作，运用凸集理论，在最一般的情况下美妙地阐明了竞争均衡的存在性及其福利性质. 斯卡夫到的时候，阿罗正和宇泽弘文、L. 赫维茨(L. Hurwisz)一起，研究均衡的稳定性. 想不到，这竟成了斯卡夫在经济学理论方面的第一个研究课题.

纯交换经济模型

为了下面叙述的方便，有必要介绍一下数理经济学中一般均衡模型的要点. 但是我们只限于纯交换经济这样一种重要的特殊情形. 在这个模型中，不考虑商品的生产，只考虑商品的交换.

设有 n 种商品和 m 个消费者. 这些消费者对这些商品各有不同的偏好，这种偏好用所谓效用函数来描述. 对于第 $i(i=1,2,$

$\cdots,m$)个消费者来说，某种商品组合越能满足他的偏好，他相应的效用函数的值就越大. 现在假设他对这 n 种商品已各有一个初始存量：$w_1^i, w_2^i, \cdots, w_n^i$. 我们用一个向量 $\boldsymbol{w}^i=(w_1^i, w_2^i, \cdots, w_n^i)$ 来表达，那么，由于不考虑生产，把这 m 个消费者的初始存量向量加起来就得到这个模型中全部 n 种商品的存量向量：$\boldsymbol{w}=w^1+w^2+\cdots+w^n$. 消费者们将根据各人的偏好在这 n 种商品现有存量的范围内进行商品交换.

既要交换，就得有一个价格. 设第 j 种($j=1,2,\cdots,n$)商品的价格为 p_j，我们就有了一个价格向量 $\boldsymbol{p}=(p_1,p_2,\cdots,p_n)$(可将 $\boldsymbol{p}$ 规范化为 $p_1+p_2+\cdots+p_n=1$). 于是，第 i 个消费者所拥有的"财富"就用 $p\cdot w^i$ 来衡量(其中 · 表示向量的内积运算). 他将在支出不超过他现有"财富"的约束下进行商品交换，并且使他的效用函数达到极大. 在适当的条件下，这产生一个需求向量 x^i(其第 j 个分量就是他对第 j 种商品的需求量，$j=1,2,\cdots,n$)，满足 $p\cdot x^i=p\cdot w^i$，即他的"需求"同他的"财富"相当. 需求向量 x^i 是价格向量 $\boldsymbol{p}$ 的连续函数，因此我们把它记为 $x^i(\boldsymbol{p})$. 把所有消费者的需求向量相加，就得到总的市场需求向量 $x(\boldsymbol{p})$. 易知它连续并满足 $\boldsymbol{p}\cdot x(\boldsymbol{p})=\boldsymbol{p}\cdot\boldsymbol{w}$. 市场需求向量 $x(\boldsymbol{p})$是消费者的主观要求，它是否能够实现还要看现有商品存量 $\boldsymbol{w}$. 因此 $x(\boldsymbol{p})-\boldsymbol{w}$ 是一个很重要的量，称为市场过需求向量，记为 $f(\boldsymbol{p})$. 由上可知，$f(\boldsymbol{p})$满足 $\boldsymbol{p}\cdot f(\boldsymbol{p})=0$，这就是著名的瓦尔拉斯(Walras)法则.

当 $f(\boldsymbol{p})$的某些分量大于零时，即表示市场对某些商品的需求超过了这些商品的现有存量. 这种需求是无法实现的. 因此我们需要研究这样一类价格向量 $\boldsymbol{p}^*$，它使得$f(\boldsymbol{p}^*)$的所有分量均不大于零，即 $f(\boldsymbol{p}^*)\leqslant 0$. 这时，每种商品都不会供不应求. 这种价格向量称为均衡.

借助布劳威尔不动点定理,均衡的存在性已得到确定.随后的探讨倾向于使人相信,市场过需求向量作为一个函数,可能还有除连续性和瓦尔拉斯法则以外的一些性质.利用这些性质,也许可以得到均衡存在性的另一个证明,它应当比原证多一些有趣的经济学内涵而少一些数学上的要求.

尝试与切磋

如果 p 不是均衡,市场供求就不平衡,从而将引起价格变动或调整.价格调节可以形式化为 $\mathrm{d}p_i/\mathrm{d}t=f_i(\boldsymbol{p})$ 这样一组微分方程.要紧的问题是,从任一非均衡的价格向量出发,方程的解是否收敛到一个均衡.

在数学规划中我们知道,如果把对偶变量解释为价格,单纯形方法就可以看作一种价格调节机制,而且对于严格凸的规划问题,这个调节过程总是收敛的.能否循此得到所希望的证明呢?这激起斯卡夫很大的兴趣.然而,这一构想被他自己在1959年构造的一组非常简单的不稳定例子否定了.事实上,除了满足连续性和瓦尔拉斯法则以外,市场过需求向量基本上是任意的.人们可以建立这样一些一般均衡模型,在这些模型中,价格调节实际上可以沿着任意预先确定的路线行进.

在1959—1960年访问考尔斯期间,斯卡夫进一步发展了与德布鲁和舒比克的友谊.当他在哥伦比亚大学做那个不稳定例子的报告时,舒比克就坐在听众席上.报告之后,他们一起步行去舒比克的公寓.舒比克提出能否将纯交换经济的核和它的均衡的集合联系起来.

这里需要介绍一下什么叫作经济的核.在一个经济模型中,

每个消费者对各种商品的拥有情况，就是社会财富的一种分配.如前面提到的初始存量向量 $w^1, w^2, \cdots, w^m$，就是一种分配.使得每个消费者在下述意义下都感到满意的分配可称为“最优的”分配：如果改变这种分配（进行再分配），不但不会使每个消费者的效用函数值都增大，而且会使某些消费者的效用函数值减小.这种“最优的”分配的集合就称为核.

舒比克就此提出了两个问题：

(1)是否纯交换经济的每一个均衡都产生一种在核中的分配？

(2)当消费者的数目趋于无穷时，核是否收敛到均衡集合？

第一个问题立即得到解决.当晚，夏普利在舒比克的公寓里给出了一个肯定的证明.第二个问题却复杂得多.1960 年夏天，斯卡夫带着它回到了斯坦福.

他马上遇到了概念上的困难：面对各种不同的偏好，如何为大数量的消费者建造一个模型？他从舒比克那里，也从埃奇沃思那里得到启发，后者在 1881 年对只有两种商品的情形提供了后人称为“埃奇沃思盒”的简明而深刻的分析.假设消费者的类型数目固定，在趋向无穷的过程中，每种类型都增加同样的倍数.在克服了相当多的困难后，并且在所有同类消费者都给出相同的商品组合这一苛刻的条件下，斯卡夫得到了一个核趋向均衡集合的收敛性证明.

1962 年，在普林斯顿大学的一个学术会议上，他报告了上述结果.在那里，他认识了 R. 奥曼（R. Aumann）.通过建立新的模型，奥曼将斯卡夫的结果作了戏剧性的推广.在奥曼的模型中，消费者的数目具有连续统的势（同实数一样多），从而避免了斯卡夫原来采用消费者类型所遇到的困难.这年春，在驱车从三藩市机场去斯坦福的途中,德布鲁又令人意外地告诉他一个戏剧性的简化.德布鲁提出非常简单的论证,在对偏好的温和的假设之下,核中的分配将精确地把相同的商品组合分配给每一个同类消费者,从而解除了斯卡夫原来的苛刻条件.这样,德布鲁对于主要定理提供了一个优美的、几何上引人入胜的证明,取代了斯卡夫原来的绕弯子的推理.

算法成为论题

这一切,似乎与斯卡夫后来成名的不动点算法没什么关系,其实不然.

1963年当斯卡夫回到耶鲁在经济学系获得永久教职时,他花了1年时间把自己彻底地调整到新的学科经济学上来.他产生了这样的想法:如果能在传统的假设之下确定核的非空性,那么收敛性的证明将为均衡的存在性提供另一个论证.他的确设计了一个算法,可以用来寻求包含3个消费者的经济的核中的分配.初步的成功带来乐观的预期和巨大的激励.他试图将这种做法推广到多个消费者的情形,希望最终能得到计算均衡的有效算法.因为原来那个用到布劳威尔不动点定理的均衡存在性证明,并不能给出计算均衡的有效算法.

这一工程比开初设想的困难得多.他确实建立了一个一般性的定理,表明在没有转移效用的情况下,平衡多人对策必有非空的核,但是定理的证明恰恰需要求助于他力图躲开的不动点定理.

美好的环境造就幸运的人.1964—1965年,奥曼正在耶鲁访问.一天,当斯卡夫向奥曼抱怨自己所遇到的挫折时,奥曼建议他读一下C.莱姆基(C. Lemke)和J.豪森(J. Howson)最近的一篇文章.对于一般的二人非零和对策,这篇文章给出了计算纳什(Nash)均衡的算法.

突破性的论文

下面的精致描述,足以演示莱姆基算法的要义.设想一座有许多房间的屋子,每间房间恰有两个门.房间的数目有限,并且其中一个房间有一个门是开向屋子外面的.在上述条件下,可以判断至少还有另一个房间有朝外开的门,而且这个房间可以借助下面的算法找到:通过已知的向外开的门进入屋子,老是走没有走过的门,一个个房间走下去.容易论证,决不会再次走进一个已经进去过的房间;但因房间数目有限,行程必将中止,并且只可能在遇到另一个开向外面的门时中止.

莱姆基的算法具有鲜明的组合特征,而这正是斯卡夫所追求的.当天晚上,他向奥曼演示了算法,并随后花费了好几个星期时间学习编制 Fortran 程序,以完成他计算四人交换经济的核中的第一个算例.

这和计算任意连续映射的不动点的一般算法(布劳威尔不动点定理给出了不动点的存在性,但没有给出算法)还有很大的距离.斯卡夫的计算程式能逼近纯交换经济的核,从而当消费者的数目很大时,就会逼近均衡.然而,这个双重极限总是叫人不舒服.直到 1966 年秋,斯卡夫猛然认识到他的组合引理和求全标本原集的算法,可以直接用来证明布劳威尔不动点定理,用来计算一般连续映射的数值不动点.1967 年初,斯卡夫完成了那篇题为《逼近连续映射的不动点》的开创性论文.

斯派奈引理

1928 年,德国数学家 E. 斯派奈(E. Sperner)证明过一个通称斯派奈引理的定理.欧氏空间中 n 个仿射无关的点的凸包,称作一个 $n-1$ 维单纯形.二维单纯形就是三角形,故在二维情形下,该定理可以叙述如下.如果把一个大三角形按照所谓单纯剖分的要求规则地分成规则相处的许多小三角形,然后往小三角形的每个顶点上随便丢下 0、1、2 三个号码中的一个,那么只要大三角形的底边上没有 2,左侧边上没有 1,右侧边上没有 0,就一定有一个小三角形,它的 3 个顶点所带的号码都不相同.顶点所带的号码称为顶点的标号.定理论定存在的那个小三角形,三个顶点分别带有 0、1、2 全部三种标号,称为全标三角形,如图 6.2 所示.

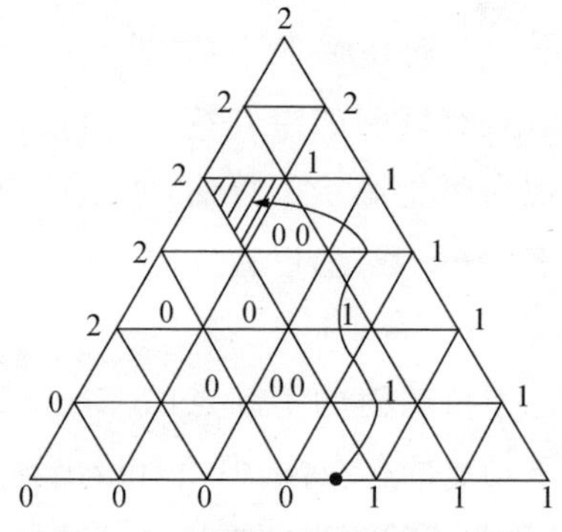

图 6.2　二维情形下的斯派奈引理

大三角形已经单纯剖分成规则相处的许多小三角形,这些小三角形的边都称为单纯剖分的棱.因为大三角形的底边上没有 2,所以底边上顶点的标号只有 0 和 1 两种.又因为左侧边上没有 1,右侧边上没有 0,所以底边左端顶点的标号一定是 0,右端顶点的标号一定是 1,从而在底边上一定有一条棱,其左端标号为 0,右端标号为 1.从这个棱出发,按照遇到一端标号为 0 一端标号为 1 的棱就穿过去的规则向大三角形里面走,并且在穿越时保持标号 0 的顶点在左、标号 1 的顶点在右,那么一定可以在有限步内到达作为数值不动点的全标小三角形.

在此基础上对维数作归纳,斯派奈引理可推广到高维的情形.

后来重读自己的论文时,斯卡夫奇怪当时竟完全没有意识到他的组合做法与斯派奈引理之间的联系.本来,两种做法是相通的.斯卡夫分析这可能出自他先入为主的一种偏见,即认为不会存在寻找斯派奈引理断言的全标单纯形的构造性方法.实际上,他自己的算法,或者稍加改进,恰恰是这样的构造性方法.

在数理经济学经济均衡理论中,$n-1$ 维单纯形上的讨论相应于 n 种商品的纯交换经济模型的讨论.若 $n=3$,就表示有 3 种商品,p_1、p_2、p_3 分别是这 3 种商品的价格,则价格向量 $p=(p_1,p_2,p_3)$.设 g 表示该纯交换经济中供不应求的商品价格上升、供大于求的商品价格下降的价格调节机制,则使 $g(p^*)=p^*$ 成立的不动点 p^* 就相应于在供不应求则价格上升、供大于求则价格下降的市场调节之下保持不动的一组价格,它们正好使得市场供求关系取得平衡,所以称为均衡价格.

斯卡夫的不动点算法,给出了计算一般连续映射的不动点的有效算法,也就给出了计算均衡价格的有效算法.

算法的成熟和发展

斯卡夫的计算进行得十分完美.1967 年春,在他前往以色列进行学术访问之前,已经得到了若干数值结果.临行前,当时他的研究生 T. 汉森(T. Hansen)告诉说,对他的算法作了重大改进,请他提供一些机时来验证新的算法.大约 6 个星期后当他从以色列回来时,汉森已经调通了程序,正在计算维数大得多的不动点问题.

他和汉森都没有想到画一些图来分析他们的算法,所以一直没有意识到他们需要单纯剖分.斯卡夫回忆,不然的话,他的算法与斯派奈引理的关系早应十分清晰.这种疏忽没有持续很久.1968 年 1 月,奥曼写信提请他注意 D. 科恩(D. Cohen)一年前在《组合理论杂志》上发表的一篇题为《关于斯派奈引理》的论文.同一期上,还有樊畿的将科恩的结果推广到可定向伪流形的论文.两篇文章已经很接近后来的算法,樊畿并给出了上述那样的屋子、房间和门的论证.同年 4 月,库恩寄来了明确采用单纯剖分的第一个算法的论文预印本.在随后几个月的相互讨论中,他们都清楚了汉森算法的几何结构,清楚了斯卡夫-汉森算法和库恩算法实质相通.

斯派奈的传人

1979 年 6 月,在英国南安普敦大学召开的不动点算法的会议上,斯卡夫终于头一回见到了斯派奈教授.在此之前,学界已经把斯卡夫称为不动点算法的父亲,而尊斯派奈为祖父.一老一壮两人,从同一趟列车上下来.犹豫了一会儿之后,斯卡夫断定面前的正是斯派奈教授.两人相互作了自我介绍.他们回顾了斯派奈大约半个世纪以前就已证明的那个引理的一系列后续发展.老人显得非常高兴.

回想那次见面和谈话,斯卡夫觉得仿佛领悟到数学有点神秘的特性:一个像斯派奈引理那样纯粹想象的杰作,多年以后竟然在似乎被创始者的高度抽象排除在外的领域里,导致意想不到的实际应用.

§6.3　李天岩的开创性贡献

6.3.1　开创混沌理论

1973 年 4 月的一天，在美国马里兰大学数学系，一个名叫李天岩（T. Y. Li）的研究生像平常一样走进他的导师 J. 约克（J. Yorke）教授的办公室，问：

“老板，有什么小题目做吗？”

李天岩祖籍湖南，几年前从台湾到美国攻读博士学位. 按照美国的教育制度，研究生的学习经费和生活费用，一般是由研究生的导师向有关方面申请得来的. 在这个意义上，导师就是研究生的老板，研究生是导师的雇员或小工. 在经费上，导师和研究生有这种关系；从科学研究本身看，这种关系也是合理的. 博士研究生导师，一般都是学术上造诣较深、成就较大的教授，他们对学术上的问题往往有很好的见解，很好的主意，或者说很好的设想. 但他们自己未必有足够的时间和足够的精力去实现这些设想. 从这方面来说，研究生就是他们最好的科研助手. 从研究生方面讲，他们在导师的指导之下集中精力攻克一个科学问题，其意义不仅是解决了一个具体问题，更重要的是从导师的指导和自己的实践中学会了从事较高水平的科学研究的方法，培养了从事较高水平的科学研究的能力.

研究生和导师从理性上说是这种老板和小工的关系，但从人际关系上说，又是一种人格平等的关系. 研究生见导师，很少严肃地称呼某某教授，通常只是喊一声“Hi!”打个招呼就代替了正式称呼，接着就开始正式的话题. 研究生对别人谈及自己的导师时，一般就称为“老板”，我老板如何如何，老板要我如何如何. 大体上说，研究生和导师在一起的时候，看起来就像两位平起平坐的先生在聊天,极少出现一方趾高气扬,一方毕恭毕敬的局面.事实上,研究生常常成为导师的很好的合作者,这种合作关系有时还会延续好多年.李天岩走进约克教授的办公室时,“Hi”这么打个招呼问声好就进入了话题,不过用中文念起来,“意译”成“老板,有什么小题目做吗?”比较上口.

博士研究生的期限一般是四年,少数是五年,个别的更长.当然也有一些是不足四年就取得博士学位的.

四年的时间里,头两年选读一定数量的课程,通过考试,即博士研究生资格考试,便取得硕士学位,开始做博士学位论文.在中国,硕士研究生阶段和博士研究生阶段是分离的,总的期限拖得比较长,取得硕士学位之前一定要完成硕士学位论文并答辩通过.在美国,大学毕业生就可以申请当博士研究生.当了博士研究生以后,只要通过研究生资格考试(Qualifying examination,也有些大学叫 General examination,可译为研究生大考或总考),就自动取得硕士学位,开始专心做博士学位论文.所以,对于博士研究生来说,取得硕士学位只是攻读博士学位过程中的一个副产品,一个阶段性标志.

博士学位论文所研究的问题(中国一般喜欢说课题)应当是某一学术领域中比较大的和比较重要的问题.但是,博士研究生常常还考虑和研究一些别的问题.这一方面是因为兴趣广泛、学业上也有余力,另一方面,考虑一下别的问题,脑筋上也可以调剂休息一下,到头来对解决学位论文主攻的问题也是有好处的.这种学位论文课题以外的问题,有的是研究生自己发现自己找来做的,有的是研究生向导师讨来的.这类问题的意义有大有小.大的会是一项开创性的工作,小的只相当于做一次练习题.现在李天岩走到导师约克教授的办公室讨“小题目”做,这“小”

字只是一种习惯性的泛指.

约克教授望着学生,沉默一阵,说:

“好的.我有一个很好的想法给你!”

“您的想法是否好得足以在《美国数学月刊》上发表?”李故意问.

大家知道,美国在数学方面的专业性学术组织主要有两个,一个是美国数学会,一个是美国数学协会.相对来说,美国数学会更加强调学术研究,而美国数学协会则比较注意数学的普及工作.美国数学协会主办了一份学术刊物,叫作《美国数学月刊》.这是一本面向大学生和高中数学爱好者的数学杂志,主要介绍数学进展,兼有书评、问题征解等栏目,由于《美国数学月刊》把普及介绍纳入办刊宗旨之中,并且以数学爱好者为重要读者对象,就不像其他数学刊物那样高深,那样权威.所以,数学家如果取得什么重大的研究成果的话,是不大会考虑送到《美国数学月刊》这样带普及性的刊物去发表的.李天岩故意问约克教授他的好想法(如果成功的话)是否好得足以在《美国数学月刊》这样的带普及性的刊物上发表,无非是跟老板开个玩笑而已.

原来,约克教授指的是一个关于区间迭代的数学问题.下面我们会比较仔细地说明这个问题,现在先让我们把故事讲完.约克教授思考这个区间迭代问题已经有一些时间了.凭着他的学术造诣和研究经验,约克教授猜测如果区间迭代有一个3周期点的话,就一定什么周期点都有.怎样证明这个猜测是对的呢,他也有了初步的考虑.估计那样做下去是会成功的.

约克教授把自己的想法向李天岩说了,李觉得这个问题确实很有意义,教授的想法的确很有启发性.看来,这并不是一个无足轻重的小问题,而是一个已经有希望解决的研究课题.李天岩认真地对教授说：

“这确实是一个很出色的想法！”

“那我们就一言为定，做好以后送到《美国数学月刊》去发表.”教授答道.

这样，李天岩就一头钻进这个出色的“小”课题中去了.一个星期以后，他把这个区间迭代问题完整地解决了，整理成一篇论文，按作者姓氏的英文字母顺序写上作者的名字李(Li)和约克(Yorke)，真的寄到《美国数学月刊》去.

很快，论文被退了回来，主要是论文的形式不符合《美国数学月刊》的要求.这份月刊要照顾大学和高中数学爱好者的阅读习惯，最不喜欢长篇大论的数学证明.刊物编辑部向作者指出，如果坚持要在本刊发表，应当全面改写，着重把问题的提法和意义讲清楚，把作者研究的成果和证明关键讲清楚，尽量做到使一般数学爱好者读起来也能有所收获，不必把全部长篇证明过程都写在文章里.

对于科研工作者和对于文学工作者一样，投稿、退稿是常有的事.即使是一位造诣很深、名望很高的作者，也会遇上退稿的时候.一般来说，这并没有什么了不得的，作者也未必就很着急.特别是因为约克教授和李天岩都还有别的更大的研究课题在做着，所以稿子退回来以后，就被它的作者们像过去做过的许多练习一样，堆在办公室的一个角落里.

过了大约一年，在一次会议上，约克教授了解到物理学家们正在为确定型的数学公式竟然会导向紊乱的结局这一事实而头痛，许多学者已经把研究“混乱现象”的必要性明确地提出来了.特别是在一些综合性的学术刊物上，学习物理学和应用数学出身的生物学家 R. 梅(R. May)已经写下了形如

$$y = Ax(1-x)$$

这样的方程.那么多学者关心区间迭代所出现的混乱现象，说明解决这个问题的时机已经成熟，既有必要解决，又有可能解决了.这时，就看谁先跨出成功的第一步.他马上想起了他和李天岩做过的那个区间迭代问题.真是机不可失，时不再来.他叫李天岩从纸堆中把那篇论文找出来，一定要送到一个学术刊物上去，争取早日发表.

送到哪里去发表呢？约克教授和李天岩决定，还是送到《美国数学月刊》去.这个学术刊物的级别虽然比较低，但有一个好处，就是有可能很快发表李和约克的文章.为什么？因为《美国数学月刊》已经审查过李和约克原来写的那篇论文，退回来没有发表并不是因为论文的内容有问题，而是因为论文的写法不符合刊物的要求.如果把论文送到别的级别较高的学术刊物上去，一方面又要重新审查，那一定要多等许多时间.最理想的情况单审稿就要多等五六个月.另一方面，那些级别较高的学术刊物好几个月才出版一期，已经有许多审查通过的论文在排着队等待发表，不可能像《美国数学月刊》那样基本上一个月出版一期来得那么快.当然，送到《美国数学月刊》去发表，也有一些不理想的地方.首先是刊物级别较低，这样如果别人只从论文发表刊物的级别高低来判断作者的科研成果，就往往产生贬低论文的现象.但是，李和约克深知，他们的研究成果是当前学术界面临的重要课题，只要发表出去，虽然刊物的级别低一些，但论文的科学价值迟早会被学术界认识的.现在主要是争取尽快把已经做出来的研究成果公诸于世.其次一个问题是要改写.形式上改写一下，看起来是让了一步，但是换回来的却是成果的早日发表，这是完全值得的.

于是，约克教授和李天岩紧密合作，按照《美国数学月刊》的文章规格重新改写.文章着重谈了区间迭代问题的意义，几个基本概念的定义和作者的主要结果，而有一些证明，只好作为附录放在正文的后面.文章的题目是 *Period Three Implies Chaos*，用李天岩自己的汉译来说，就是《周期三则乱七八糟》.

通俗文章，人人爱看.最讲究明确性和精确性的数学家竟然谈论起"乱七八糟"来，这已吸引了许多读者.更为可贵的是，这一研究成果的证明方法并没有使用什么高深的数学理论.物理学家和生物学家也很快接受了这篇他们感觉可读的数学文章.从此，李天岩和约克首先采用的 chaos 一词不胫而走，现在成了研究混乱现象的理论——混沌理论中的专门术语，甚至成为混沌理论本身的代名词.

当时，正是 1975 年的年底，物理学家们还没来得及把他们关于混乱现象的思考整理成一篇有科学价值的论文，发表就更谈不上了.生物学家虽然已经提出了类似的迭代方程，但尚未深入到得出深刻的结论的阶段.由于李天岩和约克的《周期三则乱七八糟》的文章的发表，数学家在这一方面又一次走在前面.

6.3.2 开创连续同伦方法

1973 年底，在美国马里兰大学数学系，正在讲授拓扑学课程的 R.凯洛格(R. Kellogg)教授用 M.赫希(M. Hirsch)的方法证明了著名的布劳威尔不动点定理.

前面我们介绍了斯卡夫计算不动点的方法，并且说明了为什么斯卡夫的方法一定能够找到不动点.找到了，当然说明不动点是存在的.所以，斯卡夫的方法实际上构造性地证明了不动点的存在，证明了不动点定理.斯卡夫通过算 0,1,2 这些号码来寻找不动点的方法，是比较容易理解的，没有用到什么高深的数学知识. 用数学的行话来说，斯卡夫的证明方法是初等的.

布劳威尔不动点定理是在 20 世纪初提出来的，当时还没有发明斯卡夫的方法，所以数学家不得不通过拓扑学来证明这个定理. 在数学里面，拓扑学是一门比较抽象、比较高深的课程. 以中国为例，有一些大学的数学系学生也是不学拓扑学这门课的. 美国以前也是这样，所以才会产生 95% 的数学家对布劳威尔不动点定理知其然不知其所以然的情况. 拓扑学学到“同调论”以后才能证明布劳威尔不动点定理，这已是纯粹数学研究生课程里的事情了. 1973 年底，斯卡夫的方法当然已经发表了，但是还不像我们在前面介绍得那么好懂，所以流传还不广. 凯洛格教授那时在马里兰大学数学系研究生的拓扑学课程中讲布劳威尔不动点定理时，用的还不是斯卡夫的方法.

布劳威尔不动点定理说：如果 $f:B\to B$ 是从球体 B 到球体 B 自身的一个连续的对应，f 就一定有不动点，即一定有 B 中的一点 x^*，使得 $f(x^*)=x^*$.

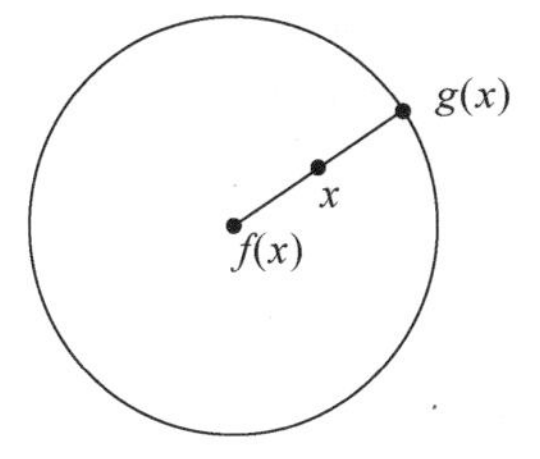

图 6.3　赫希的反证法

凯洛格教授用赫希的反证法(图 6.3)来证明这个定理：假如没有不动点，就是 $f(x)$和 x 总不重合，那么从 $f(x)$可以画一条射线经过 x，到达球体的边界 S 上的一点，把这点记作 $g(x)$. 对于每个 x，都可以确定这样的一个 $g(x)$，所以，我们就得到了从球体 B 到它的表面边界 S 上的一个连续对应 $g:B\to S$. 但这是不可能的，所以原来的假设“没有不动点”是谬误的. 这就反证了 f 一定有不动点，即一定有一点 $x^*\in B$，使得 $f(x^*)=x^*$.

为什么不可能有从球体 B 到它的边界 S 的连续对应呢？直观地说，连续对应就是连续变化.大家知道，球体 B 只要不撕裂，就不可能收缩成它的边界.这是可以用肥皂水做实验的：如果不把圆环之间张开的肥皂水膜刺破，肥皂水就没法子收缩到圆环上去.在数学上，人们就是用拓扑学里的同调论证明了不可能有从球体 B 到它的边界 S 的连续对应的.

赫希是美国一位著名的数学家，后来还担任过美国伯克利加州大学数学系的主任.赫希在1963年发表的这个证明，曾经轰动了数学界.人们赞赏说：多么出色的反证法，只用了一页的篇幅，就证明了著名的布劳威尔不动点定理.

李天岩作为一个攻读博士学位的研究生，也选修了凯洛格教授的拓扑学课.但他并不满足于欣赏赫希的成功.他注意到，在赫希的论文中讲到了这样一件事实：假如 y 是球体 B 的边界 S 上的一点，那么，把球体 B 中被 g 对应到 y 去的所有的点放在一起，记作 $g^{-1}(y)$，那么 $g^{-1}(y)$ 一定是一个1维流形，并且这个1维流形一定有两个端点.（为什么记作 $g^{-1}(y)$ 不必细究）

什么是1维流形？通俗地说，就是没有交叉和分叉的曲线.很明显，$g^{-1}(y)$ 的一头就是 y.另一头在哪里呢，赫希没有说.

当许多人只顾欣赏赫希教授的漂亮的反证法的时候，博士生李天岩的头脑里萌发了一个看来非常幼稚的问题：曲线的一头就是 y，另外一个头跑到哪里去了呢？

看到这里，读者不禁会想（图6.4）：曲线的另一个头到哪里去了，这是一个小学生都可能提出的小问题.这样一个平凡的小问题，也能在科学世界中占据一席之地吗？

的确，虽然小学生不知道什么是不动点，也不知道谁是赫希,但当他知道绳子的一头在这里的时候,很自然会问绳子的另一头在哪里. 正如李天岩自己事后还一直强调的那样,这的确是一个极其平凡的小问题. 可贵的是,李天岩没有轻易放过自己头脑里闪现出来的极其平凡的小问题,他要刨根溯源问到底.

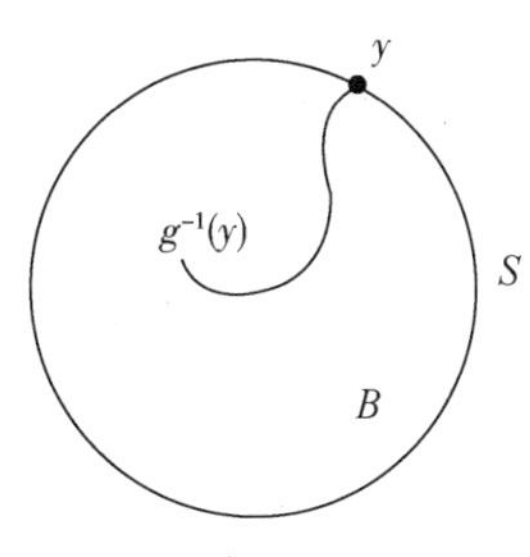

图 6.4　曲线 $g^{-1}(y)$的另一头在哪里?

正是这种科学事业上的童心和坚持不懈的努力,使李天岩能站在巨人的肩上,与凯洛格教授和约克教授一起,开创了计算不动点的另一种计算方法——连续同伦算法.

凯洛格、李天岩和约克的贡献

赫希是用反证法证明不动点一定是存在的. 李天岩问凯洛格教授,能不能把赫希的反证法改造成能把不动点具体算出来的方法呢? 凯洛格教授深为李天岩的想法震动,仔细与这个学生进行了讨论.

设 B 是 n 维球体,那么它的边界 S 就是 $n-1$ 维球面. 赫希假设对应 $f:B\to B$ 没有不动点,将收缩对应 g 定义在整个球体 B 上,得出球体 B 到它的边界 S 的连续(因此不撕裂)的收缩对应 $g:B\to S$,但这是不可能的,所以假设对应 $f:B\to B$ 没有不动点是不正确的,这就是说,$f:B\to B$ 一定有不动点. 回想一下收缩对应 $g:B\to S$ 是怎样确定的(参看图 6.3):因为 f 没有不动点,所以 x 和$f(x)$总不重合. 这样,从 $f(x)$出发,只有一条射线穿过 x,到达边界上的一点,这点就记作 $g(x)$. 实际上,f 是有不动点的. 在不动点 x 上,x 和 $f(x)$重合,“从 $f(x)$出发穿过 x 的射线”

就不能确定，当然 $g(x)$ 也就不能确定. 可见，在不动点上面，收缩对应 g 是无法定义的.

李天岩想，如果把 $f:B\to B$ 的不动点的集合记作 K，从 B 中把 K 挖掉，剩下的集合 $B-K$ 就是一个没有不动点的集合. 在这个没有不动点的集合 $B-K$ 上，收缩对应就完全可以确定了. 这样，就得到了 $g:B-K\to S$. 然后，在边界 S 上取一点 y，按照赫希说的从 y 出发沿着曲线(1 维“流形”) $g^{-1}(y)$ 走，看看能走到哪里.

从 y 出发有一小段曲线引导我们走到新的一点，从这个新的一点出发，又有一小段曲线引导我们走到更新的一点，这样利用隐函数定理的方法一小段一小段地走过去，最终将到达哪里呢？应该走到 f 的不动点！所以说，曲线的另一个头就是我们梦寐以求的不动点.

请看，“绳子的另一头在哪里”这个小学生式的问题引导数学家解决了计算不动点的大问题. 学过微积分学或高等数学的人都知道隐函数定理，但李天岩站在人们熟悉的隐函数定理上，看到了赫希的反证法证明可以改造为把不动点具体算出来的方法.

为了解决这个问题，他们找到了微分拓扑学中的萨德定理：对于 S 上**几乎**每一点 y 来说，y 的原像集 $g^{-1}(y)$ 中的任意一点 x 都使 g 的雅可比矩阵满秩. 换句话说，原像集 $g^{-1}(y)$ 中有一点 x，使得 g 的雅可比矩阵不满秩，从而使上述算法会遇到那种麻烦的、不好的 y，在 S 中的**测度**为 0，而好的 y 按测度来说却占满了 S. 所以，当你闭起眼睛从球体 B 的边界 S 上随便选一个点 y 来开始一小段一小段走过去(图 6.5)的算法时，你的成功**概率**是

1.还记得1是什么意思吗？1就是100%.所以，他们发明的这种算法，是有百分之百的成功的保证的.

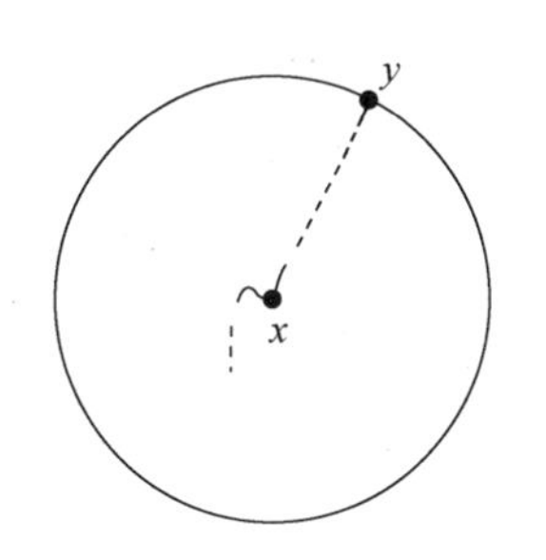

图6.5　一小段一小段走过去

李天岩向导师约克教授谈了这些想法.约克教授不愧是一个有洞察力的学者，他积极地参加了进一步的讨论，一起整理论文.虽然约克教授一向不热衷于写中等水平的论文，但他深知计算不动点的问题的重要性，所以这次却也希望成为作者之一.由于约克教授学识渊博，思维敏捷，出了不少好主意.最后，在题为《计算布劳威尔不动点的连续方法》的论文上，按照惯例依姓氏英文字母顺序写下了凯洛格、李天岩和约克三位作者的名字.

与此同时，李天岩把算法编成计算机程序，上机试算.一种新的算法要想在科学界迅速站住脚，不但要做理论方面的论证，而且要真的算出结果来给人看才行.一道题目，别人的方法都算不出答案，而你的方法却算出了正确的结果，这才是最有说服力的事情.李天岩学的是纯粹数学，对算法语言和程序设计都很生疏，但他现学现编现算.美国许多大学的计算中心为了鼓励用户在深夜计算机不忙的时候使用计算机，规定了不同的收费标准.白天上班时间按100%收费，下班以后直到午夜，按60%收费，零时至上午上班之前，按40%收费.但是计算中心既鼓励用户在深夜使用计算机，又创造方便的条件使用户不必真的在半夜跑到计算中心或坐在计算机终端之前.用户可以在白天把要算什么东西告诉计算机，并且打入“半夜计算”的指令，计算机就会记住用户的课题,等到半夜计算机有空时才插进去计算,并把计算结果打印出来保存好,等待用户第二天来看.为了节省计算经费,李天岩就用这种第二天才知道计算结果的付款等级进行计算.从1974年1月开始,整整两个月时间,李天岩每天早上走到计算中心,总是拿回来一大沓打印纸.用过早期计算机的读者都知道,编一个程序,如果方法正确程序无误,很快可以算出答案来,打印出来通常总是薄薄的一叠纸.如果方法不对或者程序错误,计算机就会把错误一条一条给你打印出来,这样就会打印出一大叠纸.如果程序里出现要一行一行印却变成一张纸一张纸那么印的错误,或者出现算来算去在原地兜圈子那样的"死循环",印出来的纸就更多.整整两个月,无数的失败,无数的错误,李天岩还是一直试验下去.最后,有一天早上,李天岩在计算中心拿到的却是薄薄的一叠纸.一看,不动点算出来了,算法终于成功了.

前面已经说过,不动点计算问题有广泛的实际应用背景,特别是数理经济学方面对不动点——均衡价格的计算方法有强烈的需求.李天岩计算成功后不久,约克教授得知第一次不动点算法与应用国际会议即将在美国南卡罗来纳州克莱姆森大学召开,就马上打电话给会议组织委员会通报他们的成果.组织委员会很快就寄来了飞机票.研究生李天岩和凯洛格教授一起,参加了这次国际学术会议.

凯洛格、李天岩和约克的新算法与我们在上一章介绍的斯卡夫的算法在风格上是迥然不同的,引起参会者们的浓厚兴趣.斯卡夫教授作为不动点算法的创始人在克莱姆森会议论文集《不动点:算法与应用》的序言中写道:

“克莱姆森会议上最使我们感到兴奋的是凯洛格、李天岩和约克的论文.这篇论文用微分拓扑学的方法代替我们习惯的组合技巧.”

凯洛格、李天岩和约克的工作深刻地揭示了不动点算法的几何背景.无怪乎著名微分拓扑学家斯梅尔也很快加入了这一行列，提出了整体性的牛顿方法.现在，凯洛格、李天岩、约克和斯梅尔一样，被公认为是非线性问题数值计算的连续同伦方法的创始人.

李天岩的博士论文是关于乌拉姆(Ulam)猜测的工作.在做博士论文的同时，作为一个研究生，他积极参与了混沌理论和不动点计算的同伦方法的开创工作，取得学术界同行公认的成果.现在世界上了解一点混沌理论的人，没有不知道李天岩和约克的《周期三则乱七八糟》的论文的；了解一点连续同伦算法的人，全都熟悉凯洛格、李天岩和约克的论文《计算布劳威尔不动点的连续方法》.多年来，他们在这两个方面和其他方面，又继续取得卓越的成果.

李天岩常说，自己是幸运的.两个问题都是社会强烈要求解决的问题；两个问题的解决，都没有使用过分高深的数学理论.从他的亲身经历可以看到，重要的是抓准问题，把握时机.在这里，导师的作用是十分要紧的，导师的洞察力如何，关系很大.但是对于青年学生和青年学者来说，则特别要有敢于以自己的想法去解决各种科学问题的勇气，特别要有付出坚持不懈的努力的决心.李天岩认为，自己并不比别人聪明，但有一种要做就做到底的“牛劲”.现在他在挑选研究生时，认为是否聪明过人并不要紧，能坚持到底，不怕吃苦，一定要弄个水落石出，这才是更重要的要求.科学,就是需要这样的献身精神和拼搏精神.

§6.4 结束语:杨振宁教授谈学问之道

1986年6月27日,中山大学研究生院举行成立大会.中山大学名誉教授、著名物理学家杨振宁教授向到会的两千多名师生做了专题演讲.

杨振宁教授特别谈到了如何做学问的问题.他说:

> "一个研究生,在他研究生生活的几年期间,对他自己最大的责任,就是把自己引导到一个有发展的研究方向去."

杨教授指出一种现象:到一所好的大学里去跟研究生接触,发现他们都很聪明,都很好学,因为一所好的大学通常是不会接收一个素质太差的研究生的.可是过了20年,就发现这些人后来的研究成绩有悬殊,有些人非常成功,有些人却颇令人失望.这是什么道理呢?杨教授说:

> "最重要的道理,就是那些成功的人找到了一个研究方向,这个研究方向在他们研究生这个生活阶段以后的五年到十年之内大有发展.这样,他随着这个研究领域的发展而发展的可能性就变得很大了.这常常是相辅相成的:他贡献给这个研究领域,而这个领域的发展又使得他自己前进的道路更宽广.就是这样,许多人做出了许多创造性的工作.
>
> 相反,有许多研究生,能力本来是很强的,可是在做研究生时,自己走进了死胡同.这个胡同当时看起来还很好,但这个研究生不知道表面上还很兴旺的一个

领域，事实上已经是强弩之末了．这样，等他取得博士学位以后，这个领域里最重要的东西别人已经做过了．遇到这种情形，又不善于改变自己的方向，那么费了很大力气，却没有得到很大成功．所以，一个研究生最重要的事情，就是选择一个有发展、有希望的领域．”

这样，许多人不免要问：那么，哪个领域才最重要？哪种选择最正确呢？杨教授说，这是没有现成答案的，最重要的是每个研究生应该自己去寻找，凭着自己的判断，寻找以后容易发展的方向．这就要求每个学生尽量使得自己的兴趣面广泛些，尽量使得自己的知识面广泛些，而不能念死书．

杨教授分析了中国的一句古训：知之为知之，不知为不知，是知也．他说，这句古训是有很深的哲理的，因为如果一个人弄不清楚什么东西是他懂的，什么东西是他不懂的，就难免发生混淆．但是，如果对这句古训信仰得太厉害，就会走到另一个方面，那就是不愿意接触那些他一时还不懂的东西，认为要知道别的东西，就要像听一门课那样学，否则就不应该去接触这些东西．

杨教授说，美国的学生却正好相反，常常在乱七八糟之中，就把东西都给学进去了．他们知识面广，同时漏洞也多．但这不是什么了不起的事情．例如氢弹之父泰勒教授，他的主意非常之多，每天恐怕有十个不同的主意，其中可能有九个都是错的．但他不怕讲出来，不怕出错．等到他的错误见解被别人或被自己纠正过来时，他就又前进了一步．所以，杨教授建议美国学生学一点中国传统，中国学生学一点美国传统．怕出错，不敢接触新东西，不敢提出自己的见解，是没有出息的．把自己训练成有独立思考能力的研究工作者,特别重要.

为了做一个成功的研究工作者,杨振宁教授特别提倡培养跨学科的兴趣,进行跨学科的研究.他指出:

> “20世纪科学技术发展飞快.在这飞快的发展中,出现许多新的研究领域.如果一个人对好几个领域都有所了解,常常可以做出非常重要的贡献.”

杨教授在演讲中举了两个例子.一个例子是CT断层扫描.这是最近十几年来通过技术和医学两个方面的发展而产生的新的医学技术,对人类医学无疑是一个大的贡献.CT断层扫描的观念最早是由美国一个物理学教授提出来的.他因为懂X光衍射,对于医学也有兴趣,对于计算机软件知识也很熟悉,这三方面的优势加在一起,就发展成CT断层扫描的理论.另一个例子是最近八九年在物理学和数学方面的新的研究领域,叫作chaos,即混沌现象.对于混沌学的发展,一位叫作菲根鲍姆的年轻人起了很大作用.他是物理学博士,但对计算机有很大兴趣,所以整天摆弄计算机.他把数学、物理学和计算机的知识联系在一起,最后就创立了混沌学这个新的研究领域.

杨教授最后指出:

> “毫无疑问,在今后的二三十年之间,这种汲取了各个不同学科的营养的真正创造性的工作,会层出不穷.希望大家尽量使得自己的知识和兴趣广泛一些.多知道各学科的知识以后,就会产生这种跨学科的创见.”

杨教授在这里谈的,是科学研究的方法.青年学生和青年学者要了解科学的发展,必要时要敢于和善于改变方向.青年人不要以为自己的知识越专越窄越好,这样会把自己的路堵死.他们有责任多了解周围的发展情况,使自己的道路变得宽广.人们常说机遇,机遇要靠自己去寻找.

参考文献

[1]ARROW K J. Intriligator M D. Handbook of Math[M]. Economyics, North-holland, 1981-1985.

[2]EAVES B C. Homotopies for computation of fixed points [J]. Math. Prog. ,1972(3): 1-22.

[3]EAVES B C. in Nonlinear Programming[M]. Cottle R W. et al eds. , 1976.

[4]EAVES B C. ,SCARF H. Math[J]. Op. Res,1976: 1-27.

[5]KUHN H W. Simplicial approximation of fixed points[J]. Proc. Nat. Acad. Sci. USA, 1968,61(4): 1238-1242.

[6]KUHN H W. Fixed points algorithms and application[M]. Acadcmic Press, 1977: 11-40.

[7]LI T Y,YORKE J A. A simple reliable numerical algorithm for following homopoty paths in: Anal. and Comp. of Fixed points, ed[M]. by Robinson S M. Academic Press, New York, 1980.

[8]梁美灵,王则柯. 童心与发现:混沌与均衡纵横谈[M]. 北京:三联书店,1996.

[9]SCARF H E. The approximation of fixed points of a contin-

uous mapping, SIAM J[J]. Appl. Math. 1967, 15(5): 1328-1343.

[10]SCARF H E. Computation of economic equilibria[M]. Yale,New Haven,1973.

[11]史树中.数学与经济[M].长沙:湖南教育出版社,1990.

[12]SMALE S. Bull[J]. AMS,4(1981).1-36.

[13]SHUB M,SMALE S J. of Complexity,2(1996):2.

[14]TODD M J. The computation of fixed points and applications[M]. Springer Lecture Notes in Econ. and Math. system 124,1976.

[15]王则柯.单纯不动点算法基础[M].广州:中山大学出版社,1986.

[16]王则柯.数值方法计算复杂性理论的环境与进展[J].计算数学,1989,11(4):434-441.

[17]王则柯.当代富有色彩的数学家斯梅尔[J].自然杂志,1990,13(7):451-456.

[18]王则柯.经济均衡单纯同伦算法的几何与实施[J].科学通报,1992,37(15):1335-1357.

[19]王则柯.计算的复杂性[M].长沙:湖南教育出版社,1993.

[20]王则柯.经济均衡的理论与算法[M].北京:科学出版社,1994.

[21]王则柯,高堂安.同伦方法引论[M].重庆:重庆出版社,1990.

[22]王则柯,凌志英.拓扑理论及其应用[M].北京:国防工业出版社,1990.

附 录

附录 1 映像度机器算法平话

映像度，或称映像的拓扑度，或称布劳威尔度，是纯粹数学和应用数学的重要概念之一. 作为一个完整的概念，它最早出现在组合拓扑学的文献中，著名数学家布劳威尔曾借此得到他的许多重要结果，包括他于 1912 年提出并证明的布劳威尔不动点定理. 这个定理说，n 维球体到自身的连续映像必有不动点.

从应用的角度来说，例如对于方程理论，映像度不只是一个重要的概念，也是一个重要的工具. 为此，需要对概念做分析的改造. 正好，微分拓扑学后来居上的发展，给映像度概念提供了一种新的描述. 这就是现今多数人熟悉的映像度的分析定义.

映像度的组合描述

为使不专攻数学的读者能够理解映像度的定义，我们限于在最典型的情况下叙述映像度的概念.

设 S^n 是一个 n 维球，$n>0$. 例如，S^1 是一个圆圈，S^2 是一个气球，等等.

S^n 可以剖分成一个个 n 维单纯形. 什么是单纯形？0 维单纯形就是一个点；1 维单纯形就是连接两个点的线段；2 维单纯形就是以不共线的 3 个点为顶点的三角形；3 维单纯形是以不共面的 4 个点为顶点的四面体. 所说的点，都称为顶点. 图 1 说明，S^1 可以剖分成一些 1 维单纯形，S^2 可以剖分成一些 2 维单纯形.

进一步，给单纯形定向：$n(n>0)$ 维单纯形的定向由顶点次序确定，0 维单纯形的定向为＋或－. 现在，对 S^n 的所有 n 维单纯形确定一组协合定向，也就是说，使得每个 $n-1$ 维单纯形无论怎样定向，都正好是一个 n 维单纯形的顺向面和另一个 n 维单纯形的逆向面. 这样做了以后，S^n 就被剖分定向为 n 维定向闭伪流形.

如图 1(a)所示，S^1 被剖分定向为 1 维定向闭伪流形，例如给顶点 A 以定向＋，则它是 1 维定向单纯形 BA 的顺向面和 AC 的逆向面. 如图 1(b)所示，S^2 被赤道和两条在北极交成直角的子午线剖分，再确定每个 2 维单纯形都取逆时针定向，S^2 就被剖分定向为 2 维定向闭伪流形，因为无论在赤道和子午线上怎样定向，它们的各弧段(1 维单纯形)总是分别为其相邻的两个 2 维单纯形的顺向面和逆向面.

剖分可粗可细，例如图 1(c)的剖分就比图 1(b)的剖分细.

现在，设 $f:S^n \to S^n$ 是 S^n 到 S^n 的一个连续映像，或者说连续对应. 头一个 S^n 被剖分定向为 n 维定向闭伪流形 K，后一个被剖分定向为 L. K 的每个点 x 被映为 L 的一个点 $f(x)$. 这样，设想 K 是用橡皮做的，我们可以把 f 看作将 K 贴附到 L 的映像.

考虑映像的方式. 1 维的情况最简单，也容易看得清楚. 如

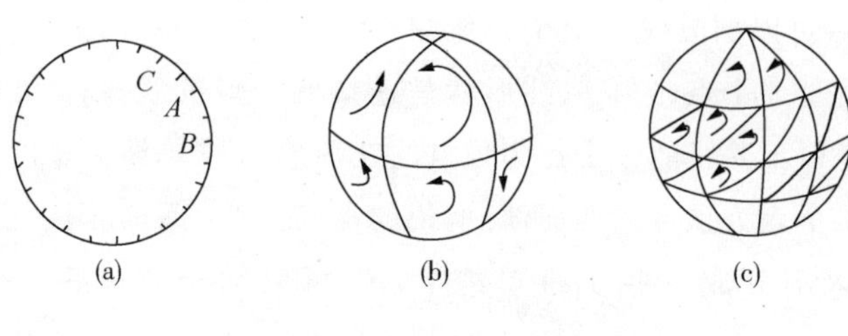

图 1

图 2 所示,设 K 是一个橡皮圈,f 不外乎把 K(实线的)在 L(虚线的)上绕 k 圈. $k>0$,同向;$k<0$,反向;或者 $k=0$. 这个 k 反映了映像 f 的本质,就叫作 f 的映像度,记作 $\deg f$.

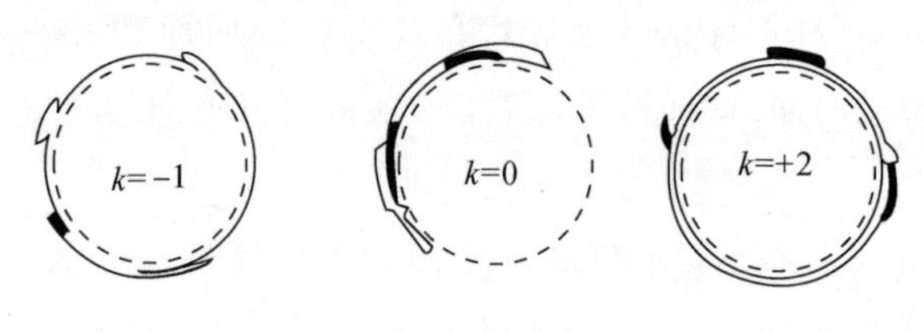

图 2

2 维的情况稍许复杂一些,$\deg f=0$ 可想象为一个放了气的气球 K 作为一顶帽子盖在充气的气球 L 上,$\deg f=1$(或-1)可理解为用 K 把 L 同向(或反向)地包住. $|\deg f|>1$ 时的情况不易想象,但可以从图 2 得到类比.

这种缠绕次数或包贴次数的理解启发我们,每条从球心发出的半射线与贴附在 L 上的 K 的相交次数大体上应该是一样的,这个数就是映像度. 此外,还有一个定向的问题,要区别是同向一次还是反向一次. 这时,组合拓扑学告诉我们,只要部分足够细,任何一个映像都可以整理成一个单纯映像 f_*,它把 K 的单纯形映成 L 的单纯形. 这样做了以后,就便于处理映像度了. 按照上述组合定义,我们可以把 $\deg f$ 粗略地理解为 f_* 将 K 的

全体协合定向的 n 维单纯形映成 L 的全体协合定向的 n 维单纯形的次数的代数和,保持定向为正,反向则为负.

对于多数人来说,微积分是数学的主体.他们不免对上述组合说法感到陌生.下面,我们看看映像度的分析定义.

映像度的分析描述

n 维球 S^n 是放在欧氏空间中的,这就可以谈及它的微分结构.于是,S^n 就成了 n 维定向闭微分流形,记作 M 或 N.

设 $f:M\to N$ 是从 S^n 到 S^n 的一个光滑映像.所谓光滑,这里指的是连续可微.与连续的情况一样,光滑映像 f 将 M 在 N 上缠绕或包贴若干次.为了把握这个次数,组合拓扑学把 f 整理成单纯映像 f,而微分拓扑学不改动 f,只把使得 f 行为不好的那些点从 M 和 N 中剔除出去.所谓行为不好,就是把横截相交的两段光滑弧映成相切的两段光滑弧.所谓横截相交,可以粗略地理解为不相切.M 的使得 f 行为不好的点,叫 f 的临界点,如图 3(a)所示;其他点则称为正则点,如图 3(b)所示.临界点在 N 上的映像,叫作 f 的临界值,N 的其余点都叫作 f 的正则值.萨德定理说,正则值在 N 具有满测度,即正则点的行为是通有的,而临界值集合的测度为 0.映像度就反映映像在正则点处的通有品格.

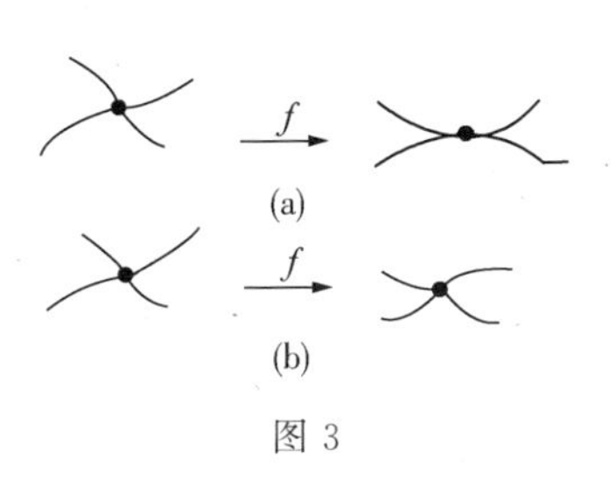

图 3

设 f 将 M 在 N 上缠绕或包贴 k 次,也就是说,M 有若干个点贴到 N 的同一点.这个包贴有保持定向的,有改变定向的,分别按包贴 $+1$ 或 -1 次计数.而映像度,就定义为包贴次数的代数和. 但是保持定向与否就看在正则点 x 处,映像 f 的雅可比行列式的符号 sgn det f'_x 是$+1$ 还是-1,这就导致映像度的分析定义:

$$\deg f = \sum_{x \in f^{-1}(y)} \operatorname{sgn} \det f'_x (y \text{ 是一个正则值}).$$

对 $x \in f^{-1}(y)$求和,是因为 $f^{-1}(y)$中每点都包贴到 y,而我们要计算包贴次数的代数和. 在图 4 中,$\deg g=-3$,而 $\deg f=1$.

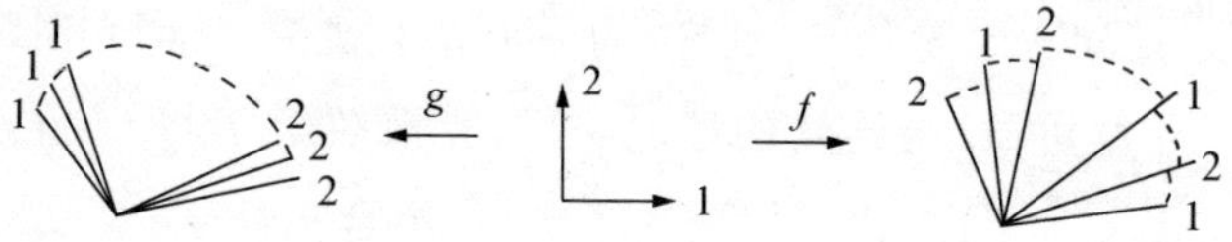

图 4

映像度的计算机算法

我们看到,映像度反映了映像的本质. 因此也就不难理解可以从映像度推测出映像的许多具体性质,特别是关于映像的不动点的性质,如前面提到的布劳威尔不动点定理. 本节后面还要提到从映像度推出映像性质的例子.

人们越认识到映像度概念的重要性,就越要求大量地进行映像度的计算,但映像度的分析描述,是基于映像的雅可比矩阵的行列式计算的. 雅可比矩阵则是由偏微商组成的. 大量地进行微分学运算和行列式运算,即使对于现代的计算机,也是一个沉重的负担. 因此,这种进一步的发展,又突出了分析形式映像度计算的困难性.

但是,另一方面的发展,是电子计算机给组合拓扑学一点一格地计数、归纳的古老方法注入了新的生命力. 因为组合拓扑学的处理方法本质上是离散化的,这正合计算机的“胃口”. 于是,在大半个世纪的时间里，似乎是转了一个大圈子，映像度概念在算法的高度上，又回到它的组合的基础上：把空间分割成一块块、一片片. 在这种单纯形剖分的基础上，电子计算机按一种确定的格式进行计算.

在 20 世纪 60 年代末期开始形成的以剖分和标号为基础的不动点算法的推动下，F. 斯坦格(F. Stenger)在 1975 年首先提出映像度的计算机算法. 随后，从 1977 年开始，B. 基尔福特(B. Kearfott)和 M. 斯泰纳斯(M. Stynes)在各自的博士研究生学位论文中做了进一步的工作. 下面，我们看看基尔福特是怎样做的.

作为较新成果，很难在这里对数学推证做完整的介绍. 但基尔福特的算法是如此的方便，却是可以比较完整地向读者介绍的.

(1)设想 S^n 是 n 维球，剖分定向为 n 维定向闭伪流形 K 或 L. 这样，K 就可以由它的全体协合定向的 n 维单纯形来表示.

$$K=\sum_{q=1}^{m}\sigma_q=\sum_{q=1}^{m}\langle x_0^q,\cdots,x_n^q\rangle.$$

这里，m 是 n 维单纯形的个数，第 q 个 n 维单纯形 σ_q 的定向已由它的 $n+1$ 个顶点的一个排列 $x_0^q,\cdots,x_n^q$ 给定.

(2)设 $f:K\to L$ 是一个连续映像，在整个 K 上没有零点.

对每个 $\sigma_q=\langle x_0^q,\cdots,x_n^q\rangle\in K$，定义矩阵 $\mathscr{R}(\sigma_q,f)=(r_{ij})$ 如下：

$$r_{ij}=\begin{cases}1,\text{若 } f_j(x_i^q)\geqslant 0,\\ 0,\text{若 } f_j(x_i^q)<0.\end{cases}$$

这里，$f_j(x_i^q)$是在顶点 x_i^q 处映像值的第 j 个分量，所以，$\mathscr{R}(\sigma_q,f)$ 是一个 $n+1$ 阶方阵，元素为 0 或 1.

(3)称主对角线左下方元素均为 1,主对角线右上方第一个元素均为 0 的矩阵为典式矩阵.如

$$\begin{pmatrix}1&0&0\\1&1&0\\1&1&1\end{pmatrix},\begin{pmatrix}1&0&1\\1&1&0\\1&1&1\end{pmatrix},\begin{pmatrix}1&0&&*\\1&1&0&\\1&1&1&0\\1&1&1&1\end{pmatrix}$$

都是典式矩阵,$*$ 表示有关的元素任意.现在,对每个矩阵 $\mathcal{R}(\sigma_q,f)$,确定一个符号数 $P(\sigma_q,f)$:若 $\mathcal{R}(\sigma_q,f)$ 可以经过偶数次(或奇数次)行对换变成典式矩阵,则 $P(\sigma_q,f)=+1$(或 -1);其他情况,$P(\sigma_q,f)=0$.

(4)在对 f 相当一般的假定条件下,只要剖分足够细,就可以这样计算映像度:

$$\deg f=\sum_{q=1}^{m}P(\sigma_q,f).$$

接触过计算机的读者知道,上述整个过程,是容易用程序实现的.只是对(4)中剖分是否足够精细的判断有时不易被非专门人员掌握.但有替代办法:先按某个剖分算一次,再按加倍细密的剖分算一次,如果两次计算相等,一般就得到正确的映像度了.这个精细与否的判断,是为了处理零点靠近 n 维球的情况:在零点附近,变化比较剧烈,算法应当精细一些.

映像度有效算法的出现,也为其他数学问题的求解提供了新的可能.例如,关于非线性方程组的数值解,基尔福特就提出了一种 n 维的对分法.

按拓扑学观点,n 维单纯形 σ^n 的表面与 $n-1$ 维球 S^{n-1} 是一样的.σ^3(四面体)的表面与气球 S^2 是一样的,σ^2(三角形)的周界可看作圆周.

有一个克罗内克(Kronecker)定理说,如果在球面上 f 的映像度非零,那么球内必有 f 的零点. 还有一个映像度可加性原理说,两个单纯形总表面上的映像度,等于两个单纯形表面的映像度之和.

基于这两个定理,以两个变量、两个方程的情况 $f:\mathbf{R}^2\rightarrow\mathbf{R}^2$ 为例,如果对于边界为 S 的大单纯形 σ,$\deg(f,S)\neq 0$,则 σ 内必有根. 将 σ 通过最长棱中点分为 σ' 与 σ'',则 $\deg(f,S')$、$\mathrm{dcg}(f,S'')$ 必有一个非零(可加性原理),所以 σ' 和 σ'' 必有一者内部有根. 如此继续按最长棱中点对分下去,很快就会捕住方程的根(图 5).

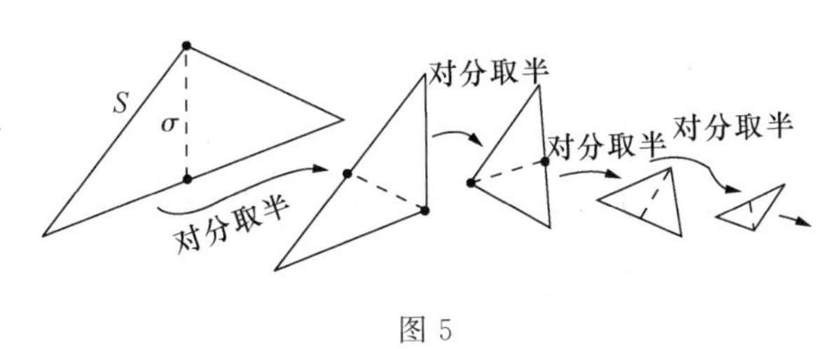

图 5

这种高维的对分法刚提出不久,还有待于成熟. 但读者已可看到,它根本不必进行微商运算和行列式计算,而且对高度非线性的情形同样有效. 这就是令人感兴趣的地方.

不动点和对径点的算法

映像度的机器算法,是不动点计算方法发展的伴生物. 不动点算法,最早是为了计算作为经济均衡点的不动点,由美国耶鲁大学经济学系教授斯卡夫提出的. 它不但在应用数学问题和计算数学问题方面有广泛应用,而且也对纯粹数学产生影响. 大家知道,拓扑学中有一个波苏克-乌拉姆(Borsuk-Ulam)对径点定理. 在 1 维的情形,该定理断言,一截断了的瓦筒竖立在地面上,断口上必有对径的两点位于同一高度(图 6). 在 2 维的情形,该定理断言,若把一个气球的气放光,一定有原来对径的一对点重叠在一起. 它还断言,如果气候只有温度和湿度两项指标,那么任何时刻地球上都有两个对径的地方气候完全相同;也就是说,温度相同,湿度也相同. 这个定理的一般形式则是:如果 $f:S^n\to\mathbf{R}^n$ 连续,则有 $x\in S$ 使得 $f(x)=f(-x)$.

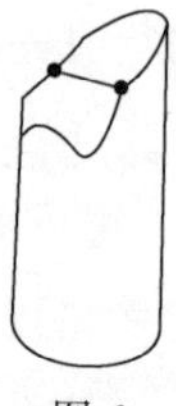

图 6

在此之前,定理只断定映像值相同的对径点的存在. 今天,由于以上发展,只要定理中的 f 已知,人们可以具体把映像值相同的一对对径点找出来.

这就是构造性数学.

附录 2 阿罗不可能定理溯源

(陈向新)

为了发扬民主,我们必须进行更缜密的思考与更精心的设计;为了克服市场自身无法克服的缺陷,我们应该积极探索政府在市场经济中的宏观调控作用. 这些都是阿罗不可能定理给我们的启迪.

我们社会中的每个人对各种事物都有自己的看法或偏好. 一般来说,各人的偏好是不会完全相同的. 如何合理地将千差万别的个人偏好汇集成社会偏好? 这就是所谓的社会选择问题. 这是福利经济学和政治民主理论领域里的一个重要论题.

社会选择大致有 4 种类型. 在现代社会里,投票和市场机制是两种基本的社会选择方法. 前者通常用于政治决策,后者通常用于经济决策. 有时，社会决策仅由某个人的意志做出，这种“老子说了算”的社会选择方法称为独裁. 此外，还有根据传统惯例(例如按宗教法规)做出决策的社会选择方法. 在“理想”的独裁社会或传统社会中，社会选择或者只根据一个人，或者根据神的(或全体个人共同的)意志做出. 在任何个人都是理性地做出选择的意义上，这两种社会选择方法也是理性的，因为不存在个人之间的冲突. 换句话说，个人选择和社会选择是协调的. 但是，在涉及许多个人不同意志的投票和市场机制这两种社会选择方法中，这种个人与社会之间的协调性还存在吗?

对此，阿罗不可能定理给出了否定的回答. 这个定理是十分尖锐和深刻的. 特别是，它告诉我们，熟知并非都是真知，日常生活中经常运用的“少数服从多数”这种社会选择方法，也不能满足某种理性的条件. 还是让我们从投票悖论谈起吧.

两个投票悖论

在古典的社会选择理论中，有两种典型的投票悖论：贡多赛(Condorcet)投票悖论和波达(Borda)投票悖论.

(1)贡多赛投票悖论

假设在某一选区有 3 名候选人(记为 x、y、z)，让 3 位选民(记为 A、B、C)来选举. 用 1、2、3 来表示选民对候选人的偏好优先顺序，结果如下表：

	x	y	z
A	1	2	3
B	2	3	1
C	3	1	2

由上表可知,三分之二的选民认为 x 比 y 好,三分之二的选民认为 y 比 z 好. 按照人类理性思维的习惯,似乎应该是 x 比 z 好. 然而,投票的结果恰好也有三分之二即多数选民认为 z 比 x 好. x、y、z 之间的顺序于是变得无法确定. 这就是所谓的贡多赛投票悖论.

现实生活中的选举过程往往是这样:先在两名候选人中按照"少数服从多数"的原则选出一名,获选者再与另一名候选人进入下一轮的竞选. 但这样选法,候选人之间不同的竞选顺序会导致截然不同的最终结果. 在上面的例子中,若第一轮表决在 x 与 y 之间进行,则 x 获胜并与 z 进行第二轮的角逐,最后的获胜者是 z. 若让 y 与 z 先进行竞选,则 x 将赢得最后的胜利. 而 y 也可以稳操胜券,只要先让 x 与 z 进行第一轮的竞选. 可见,x、y、z 都有可能当选,关键在于选举的程序.

(2)波达投票悖论

波达的投票方法是用数值来表示选民对候选人的偏好顺序,例如规定 1 表示最好,2 表示次之,依此类推. 把全体选民对某个候选人的偏好顺序数加起来,就得到该候选人的"波达数". 通过比较各个候选人的波达数(这里波达数小对应优先程度高),便可以得到社会对全部候选人的偏好顺序. 在上面的例子中,3 名候选人的波达数都是 6,所以社会对他们的评价是一样的,没有优劣之分.

波达投票法避免了贡多赛悖论,却产生了新的矛盾. 假设在上面的例子中,候选人 z 由于某种原因临时宣布退出竞选,选举只在 x 与 y 之间进行. 如果人们对 x 和 y 保持各自的偏好顺序不变,则有下表:

	x	y
A	1	2
B	1	2
C	2	1
波达数	4	5

根据波达数,社会认为候选人 x 优于候选人 y,这与候选人 z 没有退出时 x 和 y 没有差别的结果显然不同. 可见,波达投票法的最终结果竟然与候选人的数目有关. 这就是波达投票悖论.

那么,能否设计这样一种社会选择规则,它可应用于一切环境条件而不会产生像上述那样的悖论呢? 然而,阿罗不可能定理指出,不论怎样精心设计,都不可能找到这种规则.

阿罗不可能定理

什么是"合理"的规则? 我们对此先把问题在数学上精确化. 记号$\geqslant$表示"不次于".

假设社会 S 里有 n 个成员,且有由 m 个备选对象构成的集合 X. S 中的每个成员 i 对 X 有一个偏好关系$\geqslant_i$($i=1,2,\cdots,n$). 确定由诸个体成员的偏好关系$\geqslant_i$ 得到社会偏好关系$\geqslant_S$ 的规则称为社会福利函数. 即$\geqslant_S$ 与诸$\geqslant_i$ 的关系如下:

$$\geqslant_S = P(\geqslant_1, \cdots, \geqslant_n).$$

其中 P 就是社会福利函数.

关于$\geqslant_S$ 和诸$\geqslant_i$,人们认为应满足人类思维的某些理性条件,即下述公理 1 和公理 2.

公理 1(完全性)　对 X 中的任意两个备选对象 x 和 y,或者 $x\geqslant y$,或者 $y\geqslant x$,两者必居其一,

公理 2(传递性)　对 X 中的任意 3 个备选对象 x、y 和 z,若 $x\geqslant y$ 且 $y\geqslant z$,则必有 $x\geqslant z$.

公理 1 和公理 2 是说,任何人对任何两个备选对象都要表态,或者说谁比谁好,或者说它们没有优劣之分,而且所有的备选对象的优劣是能够按顺序排队的.而人人都表态后,社会也必须按某种规则做出决断:这种决断也具有同样的性质,不允许出现像贡多赛投票悖论那样的循环.

此外,人们还要求社会选择方法满足如下 4 条合理的原则.

条件 1(自由赋序)　$\geqslant_i (i=1,2,\cdots,n)$在 X 上的定义方式无任何限制.

条件 2[弱帕累托(Pareto)原则]　对 X 中的任意两个备选对象 x 和 y,如果对所有的 i 都有 $x>_i y$,那么 $x>_S y$.这里$>$表示"优于".

条件 3(对无关备选对象的独立性)　对 X 中的任意两个备选对象 x 和 y,$\geqslant_S = P(\geqslant_1,\cdots,\geqslant_n)$对它们做出的偏好判断与 X 中的任何其他对象无关.

条件 4(非独裁)　不存在某个 i,使得$\geqslant_S = P(\geqslant_1,\cdots,\geqslant_n) = \geqslant_i$.

条件 1 是说,任何人的表态都不受到限制,即不能规定某个人对备选对象的某种表态.条件 2 是说,人人都欣赏的事,也应该受到社会的欣赏.条件 4 是说,不能一个人说了算,而其他人的意见无足轻重.这 3 个条件看起来是合情合理的.条件 3 是说,当人们对两个备选对象进行评价时,社会选择规则根据大家对它们的态度就能决定,不必牵涉对其他备选对象的评价.这一条件不像其他 3 个条件那样看起来是无可辩驳的,但也很难说它是不合理的.

现在我们叙述阿罗不可能定理.

阿罗不可能定理　如果 X 中备选对象的个数 $m\geqslant 3$,那么不存在任何社会福利函数 P 同时满足公理 1、2 和条件 1～4.

换句话说,当 $m \geqslant 3$ 时,任何满足公理 1、2 和条件 1～2 的社会福利函数要么是独裁的,要么不遵循对无关备选对象的独立性原则. 或者说,任何社会选择规则都不能排斥类似前面所说的投票悖论.

这一定理的尖锐性和深刻性曾使举世哗然,并对福利经济学和政治民主理论以及其他学科的研究产生了深刻的影响. 表面上看来,它似乎是令人沮丧的,因为它揭示了绝对的民主是不存在的,"少数服从多数"的选举方法也没能逃出投票悖论的怪圈,因而不能把民主简单地理解为"少数服从多数"的原则. 另外,市场机制实质上是用货币进行投票的社会选择过程,因此市场机制不可能是十全十美的. 但是,正如阿罗所说的,与其将这个矛盾当作一种使人灰心的障碍,不如将其视为一种挑战. 例如,为了发扬民主,我们必须进行更缜密的思考与更精心的设计,为了克服市场自身无法克服的缺陷,我们应该积极探索政府在市场经济中的宏观调控作用等. 这些都是阿罗不可能定理给我们的启迪.

阿罗不可能定理在经济学、政治学和其他学科上更进一步的含义还有待科学家们的深入研究,在这里我们更感兴趣的是,阿罗不可能定理可以用来回答日常生活中的一些问题.

生活中常有各种各样的比赛,人们总希望这些比赛的裁判规则尽可能地公正. 但是阿罗不可能定理告诉我们,任何裁判规则都满足不了"独立性"这一要求,除非采用更糟糕的"老子说了算"的方法. 在体育比赛中我们经常看到两支球队为避免与强队遭遇而争输的场面,这是因为两支球队的排名先后依赖于第三支球队的表现,也就是说不满足独立性. "半路杀出个程咬金"可能会使本来已渐趋明朗的局势变得扑朔迷离,而一支弱队可"借刀杀人”以扭转乾坤甚至“金榜题名”. 独立性也许是个令人头痛的问题,但可能正因为如此,斗勇斗智的竞技场才平添一份变幻莫测的魅力.

阿罗不可能定理的孕育和诞生

阿罗不可能定理是由 1972 年诺贝尔经济学奖的获得者之一阿罗首先陈述和证明的. 这个定理的证明并不难,但是需要严格的数学逻辑思维. 关于这个定理,还有一段情节颇为曲折的故事.

阿罗在大学期间就迷上了数理逻辑. 读大学四年级的时候,波兰大逻辑学家塔斯基(Tarski)到阿罗所在的大学讲了一年的关系演算,阿罗在他那里接触到诸如传递性、排序等概念. 在此之前,阿罗对他所着迷的逻辑学还是全靠自学呢.

后来,阿罗考上研究生,在霍特林(Hotelling)的指导下攻读数理经济学. 他发现,逻辑学在经济学中大有用武之地. 就拿消费者的最优决策来说吧,消费者从许多商品组合中选出其最偏好的组合,这正好与逻辑学上的排序概念吻合. 又如厂商理论总是假设厂商追求利润最大化,当考虑时间因素时,因为将来的价格是未知的,厂商只能力图使基于期望价格的期望利润最大化. 我们知道,现代经济中的企业一般是由许多股东所共同拥有,100 个股东对将来的价格可能有 100 种不同的期望,相应地根据期望利润进行诸如投资之类的决策时便有 100 种方案. 那么,问题如何解决呢? 一个自然的办法是由股东(按其占有股份多少)进行投票表决,得票最多的方案获胜. 这又是一个排序问题. 阿罗所受的逻辑训练使他自然而然地对这种关系的传递性进行考察,结果轻而易举地举出了一个反例.

阿罗第一次对社会选择问题的严肃思考就这样成为他学习标准厂商理论的一个副产品. 不满足传递性的反例激起了阿罗的极大兴趣,但同时这也成为他进一步研究的障碍. 因为他觉得这个悖论素未谋面但又似曾相识. 事实上,这的确是一个十分古老的悖论,是由法国政治哲学家、概率理论家贡多赛在 1785 年提出的. 但是阿罗那时对贡多赛和其他原始材料一无所知,于是暂时放弃了进一步的研究. 这是 1947 年.

次年,在芝加哥考尔斯(Cowles)经济研究委员会,阿罗出于某种原因对选择政治学发生了浓厚的兴趣. 他发现在某些条件下,"少数服从多数"的确可以成为一个合理的投票规则. 但是一个月后,他在《政治经济学杂志》里发现布莱克(Black)的一篇文章已捷足先登,这篇文章表达了同样的思想. 看来只好再一次半途而废了. 阿罗没有继续研究下去其实还有另一层的原因,就是他一直以"严肃的"经济学研究为己任,特别是致力于运用一般均衡理论来建立一个切实可行的模型作为经济计量分析的基础. 他认为在除此以外的"旁门左道"中深究下去会分散他的精力.

1949 年夏天,阿罗担任兰德(Rand)公司的顾问. 这个为给美国空军提供咨询而建立起来的公司在那时的研究范围十分广泛,包括当时尚属鲜为人知的对策论. 职员中有个名叫赫尔墨(Helmer)的哲学家试图将对策论应用于国家关系的研究,但是有个问题令他感到十分棘手:当将局中人诠释为国家时,尽管个人的偏好是足够清楚的,但是由个人组成的集体的偏好是如何定义的呢? 阿罗告诉他,经济学家已经考虑过这个问题,并且一个恰当的形式化描述已经由伯格森(Bergson)在 1938 年给出. 伯格森用一个叫作社会福利函数的映射来描述将个人偏好汇集成社会偏好的问题，它将诸个人的效用组成的向量转化为一个社会效用. 虽然伯格森的叙述是基于基数效用概念的，但是阿罗告诉赫尔墨，不难用序数效用概念加以重新表述. 于是赫尔墨顺水推舟，请阿罗为他写一个详细的说明.

当阿罗依嘱着手去做时，他立即意识到这个问题跟两年来一直困扰着他的问题实际上是一样的. 既然已经知道“少数服从多数”一般来说不能将个人的偏好汇集成社会的偏好，阿罗猜测也许会有其他方法. 几天的试探碰壁之后，阿罗怀疑这个问题会有一个不可能性的结果. 果然，他很快就发现了这样一个结果. 几个星期以后，他又对这个结果做进一步加强. 阿罗不可能定理就这样呱呱坠地了.

从 1947 年萌发胚芽到 1950 年开花结果，阿罗不可能定理的问世可谓一波三折，千呼万唤始出来，而且颇有点“无心插柳”的意味. 但是，正是在这“无心”的背后对科学锲而不舍的追求，才使逻辑学在社会科学这块他乡异壤开出一朵千古流芳的奇葩. 这不能不说是耐人寻味的.

数学高端科普出版书目

数学家思想文库	
书　名	作　者
创造自主的数学研究	华罗庚著;李文林编订
做好的数学	陈省身著;张奠宙,王善平编
埃尔朗根纲领——关于现代几何学研究的比较考察	[德]F. 克莱因著;何绍庚,郭书春译
我是怎么成为数学家的	[俄]柯尔莫戈洛夫著;姚芳,刘岩瑜,吴帆编译
诗魂数学家的沉思——赫尔曼·外尔论数学文化	[德]赫尔曼·外尔著;袁向东等编译
数学问题——希尔伯特在1900年国际数学家大会上的演讲	[德]D. 希尔伯特著;李文林,袁向东编译
数学在科学和社会中的作用	[美]冯·诺伊曼著;程钊,王丽霞,杨静编译
一个数学家的辩白	[英]G. H. 哈代著;李文林,戴宗铎,高嵘编译
数学的统一性——阿蒂亚的数学观	[英]M. F. 阿蒂亚著;袁向东等编译
数学的建筑	[法]布尔巴基著;胡作玄编译

数学科学文化理念传播丛书·第一辑	
书　名	作　者
数学的本性	[美]莫里兹编著;朱剑英编译
无穷的玩艺——数学的探索与旅行	[匈]罗兹·佩特著;朱梧槚,袁相碗,郑毓信译
康托尔的无穷的数学和哲学	[美]周·道本著;郑毓信,刘晓力编译
数学领域中的发明心理学	[法]阿达玛著;陈植荫,肖奚安译
混沌与均衡纵横谈	梁美灵,王则柯著
数学方法溯源	欧阳绛著

书　名	作　者
数学中的美学方法	徐本顺,殷启正著
中国古代数学思想	孙宏安著
数学证明是怎样的一项数学活动?	萧文强著
数学中的矛盾转换法	徐利治,郑毓信著
数学与智力游戏	倪进,朱明书著
化归与归纳·类比·联想	史久一,朱梧槚著

数学科学文化理念传播丛书·第二辑

书　名	作　者
数学与教育	丁石孙,张祖贵著
数学与文化	齐民友著
数学与思维	徐利治,王前著
数学与经济	史树中著
数学与创造	张楚廷著
数学与哲学	张景中著
数学与社会	胡作玄著

走向数学丛书

书　名	作　者
有限域及其应用	冯克勤,廖群英著
凸性	史树中著
同伦方法纵横谈	王则柯著
绳圈的数学	姜伯驹著
拉姆塞理论——入门和故事	李乔,李雨生著
复数、复函数及其应用	张顺燕著
数学模型选谈	华罗庚,王元著
极小曲面	陈维桓著
波利亚计数定理	萧文强著
椭圆曲线	颜松远著